职业教育课程改革系列教材·项目实战类

平面广告设计与制作

（第2版）

◎ 主　编　孔祥华　孔祥玲
◎ 副主编　苏　李　华小红

电子工业出版社
Publishing House of Electronics Industry
北京·BEIJING

内 容 简 介

本书依据"项目实战、强调实训"的原则，通过对经典案例由浅入深的分析讲解，介绍平面广告设计制作的方法及技巧。全书结构清晰，案例针对性强，有利于读者举一反三，快速提高平面设计及制作的水平。全书共9个项目，即职业技术学校校标设计、宣传海报设计、财富大卖场VI系统的设计、卡通画设计、DM广告、包装设计、"健康与养生"书籍装帧设计、"南岸小筑"楼盘宣传系列广告策划及制作。每个项目都从任务引入开始，然后是任务实施环节，在该环节中有制作过程详解，最后是课后实训，在课后实训前给出了相关设计欣赏。

本书适合于各类大中专院校和社会培训学校平面设计专业人员使用，也可供有一定软件基础的计算机专业人员、平面设计爱好者参考使用。

未经许可，不得以任何方式复制或抄袭本书之部分或全部内容。
版权所有，侵权必究。

图书在版编目（CIP）数据

平面广告设计与制作 / 孔祥华，孔祥玲主编. —2版. —北京：电子工业出版社，2018.8
ISBN 978-7-121-24834-4

Ⅰ. ①平… Ⅱ. ①孔… ②孔… Ⅲ. ①图象处理软件—职业教育—教材②图形软件—职业教育—教材 Ⅳ. ①TP391.41

中国版本图书馆CIP数据核字（2014）第274892号

策划编辑：杨　波
责任编辑：裴　杰
印　　刷：北京虎彩文化传播有限公司
装　　订：北京虎彩文化传播有限公司
出版发行：电子工业出版社
　　　　　北京市海淀区万寿路173信箱　邮编　100036
开　　本：787×1 092　1/16　印张：13.25　字数：339.2千字
版　　次：2010年1月第1版
　　　　　2018年8月第2版
印　　次：2021年6月第4次印刷
定　　价：42.00元

凡所购买电子工业出版社图书有缺损问题，请向购买书店调换。若书店售缺，请与本社发行部联系，联系及邮购电话：（010）88254888，88258888。
质量投诉请发邮件至zlts@phei.com.cn，盗版侵权举报请发邮件至dbqq@phei.com.cn。
本书咨询联系方式：（010）88254617，luomn@phei.com.cn。

在竞争日益激烈的商业社会，平面广告成为社会信息以及商业运作中的一个重要环节和组成部分。随着现代经济、文化的日趋繁荣，平面广告也逐步走向辉煌，这当然离不开Adobe公司推出的一组非常优秀的黄金组合软件Photoshop和Illustrator与Corel公司的图形图像软件CorelDRAW的灵活运用。本书将这三款软件很好地融合在一起，讲解通俗易懂，通过实例与基础知识相结合，以通俗明快的语言对项目的制作过程进行了专业而细致的阐述，旨在为有志于从事平面设计行业的学员提供行之有效的就业指导。

本书特点

1. 项目内容工作过程化

按行动体系序化知识内容，合理编排项目顺序，明确职业岗位需求，在编写过程中以企业项目为载体，在仿真工作环境中介绍项目开发过程。

2. 典型企业案例精选

本书中所选项目均来自于企业。书中注重将知识点融入项目之中，增加了学习内容的趣味性。本书由浅入深、图文并茂，体现技巧和实践两个主题，也充分考虑培养学生的职业性与可持续发展，具有较高的参考价值和使用价值。

3. 编写形式轻松易学

本书采用独特的标注形式，有标注和说明等相关内容，使学生在学习时一目了然。本书素材中包含了所有案例的素材文件和最终文件，为了方便读者学习，只要按照书中的操作步骤进行操作，就可以轻松地制作和书中实例一样精美的作品。

本书针对性强，案例均来自企业实际的工作项目。从专业的广告设计和商业应用出发，涵盖了多个热门应用领域，使不同层次和行业的读者都能够从中学到更前沿、更先进的设计理念和实战技法，并且即学即用，学以致用，将所学知识马上应用于求职或实际工作当中。

同时，本书详尽而丰富的图文搭配的学习方式，非常适合想快速提高平面设计水平的初学者使用。

本书由孔祥华、孔祥玲担任主编，苏李、华小红担任副主编，张志群、王岩、张丽贤参编。

由于编者的学术水平有限，时间仓促，书中难免有疏漏之处，真诚期待来自读者们的宝贵意见，以便再版时修改，如有反馈建议，请发邮件至（kongxh007@163.com）联系。

编　者

职业技术学校校标及双肩包系列设计

项目一　职业技术学校校标设计 / 2
　标志概述 / 2
　标志设计工作流程 / 3
　标志制作过程 / 4
　　任务一：图形制作 / 5
　　任务二：文字制作 / 9
　标志欣赏 / 12
　课后实训项目 / 14

项目二　双肩包系列 / 15
　创意与设计思想（相关知识）/ 15
　设计与制作任务描述 / 15
　　任务一：绘制双肩包 / 15
　　任务二：绘制双肩包品牌标识 / 26
　　任务三：绘制双肩包拉链 / 30
　双肩包欣赏 / 32
　课后实训项目 / 33

宣传海报设计

项目三　宣传海报设计 / 35
　海报设计（相关知识）/ 35
　设计与制作任务描述 / 37
　　任务一：公益宣传海报设计 / 37
　　任务二：圣诞晚会海报制作 / 40
　　任务三：音乐会宣传海报制作 / 44
　相关设计欣赏 / 49
　课后实训项目 / 50

财富大卖场VI系统的设计

项目四　财富大卖场VI系统的设计 / 52
　创意与设计思想（相关知识）/ 52
　设计与制作任务描述 / 53
　　任务一：企业视觉识别VI系统基础系统的设计 / 54
　　任务二：企业视觉识别VI系统办公系统的设计 / 58
　　任务三：企业视觉识别VI系统应用系统的设计 / 68
　作品欣赏 / 75
　课后实训项目 / 78

卡通画设计

项目五　卡通画设计 / 80
　卡通画设计（相关知识）/ 80
　设计任务描述 / 81
　　任务一：卡通画的设计制作 / 81
　卡通画欣赏 / 84
　课后实训项目 / 85

DM广告

项目六　DM广告 / 87
　创意与设计思想（相关知识）/ 87
　设计与制作任务描述 / 89
　　任务一：美食宣传广告 / 89
　　任务二：儿童摄影DM折页广告 / 96
　相关设计欣赏 / 101
　课后实训项目 / 102

包装设计

项目七　包装设计 / 104
　海报设计（相关知识）/ 104
　设计与制作任务描述 / 106
　　任务一：手机包装盒设计 / 106
　　任务二：化妆品包装盒设计 / 118
　相关设计欣赏 / 131
　课后实训项目 / 133

"健康与养生"书籍装帧设计

项目八　"健康与养生"书籍装帧设计 / 135
　书籍装帧（相关知识）/ 135
　设计任务描述 / 138
　　任务一：封面展开图的设计 / 138
　　任务二：立体效果设计 / 145
　　任务三：光盘面效果的设计 / 150
　　任务四：光盘套（袋）设计 / 154
　相关设计欣赏 / 158
　课后实训项目 / 158

"南岸小筑"楼盘宣传系列广告策划及制作

项目九　"南岸小筑"楼盘宣传系列广告策划及制作 / 160
　地产广告策划分析 / 160
　楼盘广告策划方案 / 162
　设计任务描述 / 166
　　任务一："南岸小筑"标识设计 / 167
　　任务二：楼盘办公用品（部分）设计 / 170
　　任务三：横幅型宣传广告 / 176
　　任务四：形象墙广告 / 177
　　任务五：条幅路杆型广告 / 188
　　任务六：高立柱宣传广告 / 189
　　任务七：台历型宣传广告 / 190
　　任务八：手提袋型宣传广告 / 195
　　任务九：DM宣传广告 / 196
　课后实训项目 / 204

"职业技术学校校标及双肩包系列设计

☑ 项目一　职业技术学校校标设计

☑ 项目二　双肩包系列

项目三　宣传海报设计

项目四　财富大卖场VI系统的设计

项目五　卡通画设计

项目六　DM广告

项目七　包装设计

项目八　"健康与养生"书籍装帧设计

项目九　"南岸小筑"楼盘宣传系列广告策划及制作

项目一

职业技术学校校标设计

老师：同学们都见过不少标志吧？
学生：是。
老师：现在我们就来说说什么样的标志给我们的印象最深？
学生：当然是耐克、李宁、KFC、麦当劳、可口可乐、宝马……
老师：那大家知道为什么这些标志给我们的印象最深吗？
学生：为什么？
老师：这就是我们今天要讲的标志设计。下面就先来了解一下标志的定义，以及标志设计的一般流程。我们可以按照以下流程对标志进行设计制作。

🔵 标志概述

标志，是用来表现事物特征的特殊图形符号。它具有面向大众传播、造型简洁明了、寓义深刻、易识别、易记忆的特点。随着时代的进步，作为一种特殊的视觉图形，标志在当今社会的各个领域都得到了广泛的应用，如网站的徽标、企业标志、产品商标，以及公共场合的公共设施标志等。

标志按用途可分为：商业性标志和非商业性标志。商业性标志一般包括公司、企业等以营利为主的团体和机构；非商业性标志一般是行政事业单位标志、公共设施标志、文化活动标志等。

标志设计应遵循的原则可简单概括为：深刻、巧妙、新颖、独特、凝练、美观、概括、单纯、强烈、醒目。

标志设计的流程描述如下。

1. 调研分析

商标、标志不仅仅是一个图形或文字的组合，它更是依据企业的构成结构、行业类别、经营理念，并充分考虑商标、标志接触的对象和应用环境，为企业制定的标准视觉符号。在设计之前，首先要对企业进行全面深入的了解，包括经营战略、市场分析，以及企业最高领导人员的基本意愿，这些都是商标、标志设计的重要依据。对竞争对手的了解也是重要的环节，商标、标志的重要作用即识别性，就是建立在对竞争环境的充分掌握上。

2. 要素挖掘

要素挖掘是为设计开发工作做进一步的准备。依据对调查结果的分析，提炼出商标、标志的结构类型、色彩取向，列出商标、标志所要体现的精神和特点，挖掘相关的图形元素，找出商标、标志设计的方向，使设计工作有的放矢，而不是对文字图形的无目的组合。

3. 设计开发

有了对企业的全面了解和对设计要素的充分掌握，可以从不同的角度和方向进行设计开发工作。通过设计师对商标、标志的理解，充分发挥想象，用不同的表现方式，将设计要素融入设计中。商标、标志必须达到含义深刻、特征明显、造型大气、结构稳重、色彩搭配适合企业，避免流于俗套或大众化。不同的商标、标志所反映的侧重或表象会有区别，经过讨论分析或修改，找出适合企业的商标、标志。

4. 标志修正

提案阶段确定的商标、标志，可能在细节上还不太完善，经过对商标、标志的标准制图、大小修正、黑白应用、线条应用等不同表现形式的修正，使商标、标志使用更加规范，同时在不同环境下使用时也不丧失商标、标志的结构和特点，达到统一、有序、规范的传播效果。

标志应用的广泛性和可伸缩性较大，所以通常使用矢量绘图软件设计标志，因为矢量图形的质量不受图形放大或缩小的影响，特别适用于文字设计、图案设计、版式设计、标志设计、计算机辅助设计、工艺美术设计、插画设计等。常用的矢量绘图软件包括Illustrator、CorelDRAW和FreeHand等。

本项目以设计制作某职业技术学校校标为例，介绍利用CorelDRAW软件设计制作如图1-1所示标志的，使读者能进一步加深对标志设计的理解，为下一步独立设计打下良好的基础。

图1-1

标志设计工作流程

1. 需求分析

长春职业技术学校是隶属长春市教育局的一所综合性职业学校。学校设有制造、电子、汽车、财经、信息、旅游6大类12个专业（15个专业方向）。其中，数控技术、市场营销、计算机应用技术及酒店服务与管理4个专业为吉林省中等职业学校骨干示范专业。面向吉林省长春市主导产业、支柱产业、特色产业培养高素质技能型人才。

客户要求：作为学校校标，需要充分体现学校办学特色及办学理念，突出学校形象，富有艺术感染力。

2. 要素挖掘

在对设计需求进行分析之后，并对有效信息进行概括抽取，初步确定了标志设计所要表达的主要信息具体如下。

（1）综合性职业技术学校。

（2）中文校名：长春职业技术学校。

（3）英文校名：CHANGCHUN VOCATIONAL SCHOOL OF TECHNOLOGY。

（4）骨干示范专业：制造、电子、汽车、财经、信息、旅游等。

（5）办学定位、办学特色："工学结合"、职业教育与职业岗位技能培训并举。

3. 设计开发

基于上述分析，设计者在多次设计与修改后，完成如图1-1所示的设计作品，并列出设计说明。

4. 设计说明

（1）校标设计是将学校的英文名称"CHANGCHUN VOCATIONAL SCHOOL OF TECHNOLOGY"首字母"ＣＣＶＳＯＴ"巧妙变形（注：O为中间的齿轮，S为V、T兼用，体现了工学兼修的理念），并与能鲜明体现培养技能职业类学校属性的"齿轮"融合在一起，如明亮的眼睛一样具有很强的视觉张力和文化意蕴，又能直观传达学校培养专业技术人才的内涵。校标外环为不同风格的中、英文"长春职业技术学校"组合，醒目地推出长春职业技术学校校名。

（2）校标整体为圆形。"圆"给人以凝聚力，象征着学校团结协作、互助关爱的团队精神。同时也体现着学校的办学定位、办学特色："工学结合"、职业教育与职业岗位技能培训并举，多类型、多形式、多规格地培养面向先进制造业、现代化科技行业及现代化服务业的技能型人才的办学理念。

（3）校标整体以蓝色为主色，象征智慧、严谨、深厚、典雅、对前程充满希望，时代感突出，同时也体现着学校无限发展、放眼社会、放眼未来，永做排头的勇气和信心！

标志制作过程

在充分解读该标志的设计过程后，现在来亲身体验一下标志的制作过程。绝大部分标志都包含两个主要组成部分：图形部分和文字部分。这里把该标志的制作分为两个任务，任务一为图形制作，任务二为文字制作。

任务一：图形制作

STEP 01 打开CorelDRAW软件，执行菜单栏中的【文件】/【新建】命令，或使用【Ctrl+N】组合键，新建一个空白页，设定纸张大小为A4，横向摆放，如图1-2所示。

● 图1-2

首先制作图形核心部分的字母"V"。

STEP 02 单击工具箱中的"椭圆形"工具，按住【Ctrl】键在绘图窗口中拖动鼠标绘制一个正圆，效果如图1-3所示。

STEP 03 选中工作区中的正圆，并将其复制一个，调整其大小和位置，如图1-4所示。

相关知识

在现今标志设计行业中经常采用的设计软件是CorelDRAW，这款矢量图形设计软件除具有操作简单，交互设计功能强大的特点外，其较Illustrator优越的地方在于排版输出效果不失真。所以在这里，设计师使用CorelDRAW来设计这款标志。

● 图1-3

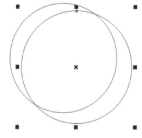

● 图1-4

操作提示

在CorelDRAW中，可通过特殊按键来快速得到任意大小的圆形。

绘制正圆形对象的方法如下：
● 按住【Ctrl】键，同时在绘图窗口中拖动鼠标，可以绘制出正圆形。
● 拖动鼠标时按住【Ctrl】+【Shift】键，还可以从中心绘制正圆形。

STEP 04 按【Ctrl+A】组合键，选择所绘制的全部图形，执行菜单栏中的【排列】/【修整】/【后减前】命令，或单击属性栏的"后减前"按钮，如图1-5所示。进行后减前操作，效果如图1-6所示。

● 图1-5

● 图1-6

STEP 05 运用前面介绍的方法，绘制两个椭圆，调整其大小和位置，进行后减前操作，效果如图1-7和图1-8所示。

项目一 职业技术学校校标设计

● 图1-7　　　　　● 图1-8

STEP 06 调整工作区中的两个图形的位置，如图1-9所示。

STEP 07 按【Ctrl+A】组合键，选择所绘制的全部图形，执行菜单栏中的【排列】/【修整】/【焊接】命令，或单击属性栏的"焊接"按钮，进行焊接操作，效果如图1-10所示。

● 图1-9　　　　　● 图1-10

STEP 08 单击"填充"展开工具栏中的"渐变填充"工具，或按【F11】键，在弹出的【渐变填充】对话框中，设置其填充色为蓝色（CMYK：100、100、0、0）到青色（CMYK：100、0、0、0）的渐变色，如图1-11所示。轮廓颜色设为无，效果如图1-12所示。

● 图1-11　　　　　● 图1-12

下面来制作字母"T"。

STEP 09 运用前面介绍的方法，绘制两个椭圆，调整其大小和位置，进行"后减前"操作，效果如图1-13和图1-14所示。

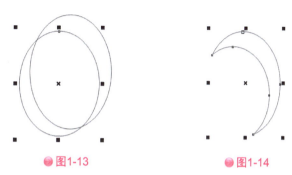

● 图1-13　　　　　　　　　● 图1-14

STEP 10 单击"贝塞尔"工具 和"形状"工具 ，绘制如图1-15所示图形。

STEP 11 按住【Shift】键，加选图形，单击属性栏的"焊接"按钮 ，进行焊接操作，效果如图1-16所示。

STEP 12 将焊接后的图形填充为黑色（CMYK：0、0、0、100），如图1-17所示。

● 图1-15　　　　● 图1-16　　　　● 图1-17

STEP 13 按【Ctrl+A】组合键，选择全部图形，执行菜单栏中的【排列】/【锁定对象】命令，将前面绘制的对象锁定，以免影响后面的操作。

下面来绘制齿轮。

STEP 14 选择"多边形"工具 ，在属性栏中，设置【星形及复杂星形的多边形点或边数】为12，然后按住【Ctrl】键，绘制一个多边形，如图1-18所示。

STEP 15 将多边形原位复制一个，按住【Shift】键，调整复制的多边形的大小，然后在属性栏中，设置【旋转角度】为45°，效果如图1-19所示。

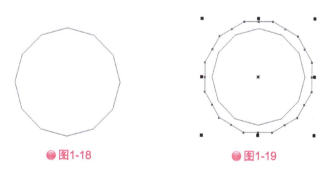

● 图1-18　　　　　　　　　● 图1-19

项目一　职业技术学校校标设计

STEP 16 选择"星形"工具，在属性栏中，设置【点数/边数】为12，【清晰度】为34，如图1-20所示。然后按住【Ctrl】键，绘制一个星形，效果如图1-21所示。

● 图1-20　　　　　● 图1-21

操作提示

在CorelDRAW中，使用【排列】/【锁定对象】命令，可以将暂不处理的对象锁定，锁定后的对象不能进行任何编辑处理。使用【排列】/【解除对象锁定】命令则可解除锁定状态，解锁后，对象将恢复原来的所有属性。当文件中同时有多个对象被锁定时，可在菜单栏中选择【排列】/【解除全部对象锁定】命令，将所有对象解除锁定。

STEP 17 按【Ctrl+A】组合键，选择所绘制的多边形和星形，单击属性栏中"对齐"和"属性"按钮，打开【对齐与分布】对话框，在弹出的【对齐与分布】对话框中设置如图1-22所示参数，效果如图1-23所示。

● 图1-22　　　　　　　　● 图1-23

STEP 18 选择所绘制的星形和小多边形，单击属性栏的"焊接"按钮，进行焊接操作，效果如图1-24所示。

STEP 19 运用"智能填充"工具，在属性栏中设置指定填充颜色为灰色（CMYK：0、0、0、60），指定填充如图1-25所示图形。

STEP 20 保留指定填充的图形，将剩余图形全部删除。

STEP 21 在指定填充的图形中心位置绘制一个圆形，颜色填充为白色（CMYK：0、0、0、0），轮廓宽度设置为"无"，如图1-26所示。

● 图1-24　　　　　● 图1-25　　　　　● 图1-26

STEP 22 按【Ctrl+A】组合键，选择全部图形，单击鼠标右键，在弹出的快捷菜单中选择"群组"命令，或按【Ctrl+G】组合键，将所选图形群组。

STEP 23 选择群组后的图形，单击"填充"展开工具栏中的"渐变填充"工具，或按【F11】键，在弹出的【渐变填充】对话框中，设置其填充色为蓝色（CMYK：100、100、0、0）到青色（CMYK：100、0、0、0）的渐变色，如图1-27所示。轮廓颜色设为"无"，效果如图1-28所示。

STEP 24 执行菜单栏中的【排列】/【解除全部对象锁定】命令，将前面锁定的对象解除锁定，调整字母"V"、字母"T"、齿轮的大小和位置，如图1-29所示。

● 图1-27　　　　　● 图1-28　　　　　● 图1-29

STEP 25 按【Ctrl+A】组合键，选择全部图形，执行菜单栏中的【排列】/【群组】命令，或按【Ctrl+G】组合键，将所选图形群组。至此，完成校标图形部分的制作。

任务二：文字制作

STEP 01 单击工具箱中的"椭圆形"工具，按住【Ctrl】键在绘图窗口中拖动鼠标绘制一个正圆，然后将所绘制的正圆复制一个，拖放至绘图区内备用。

STEP 02 接下来将所绘制的正圆再原位复制一个，按住【Shift】键，调整复制正圆的大小，效果如图1-30所示。

STEP 03 选择两个正圆，执行【排列】/【结合】命令，制作成圆环，如图1-31所示。

项目一　职业技术学校校标设计

● 图1-30　　　　　　　　　　● 图1-31

STEP 04　按【F11】键，在弹出的【渐变填充】对话框中，设置其填充色为蓝色（CMYK：100、100、0、0）到青色（CMYK：100、0、0、0）的渐变色，如图1-32所示。轮廓颜色设为"无"，效果如图1-33所示。

● 图1-32　　　　　　　　　　● 图1-33

STEP 05　按【Shift】键，选择圆环与前面备份的正圆，单击属性栏中的"对齐与属性"按钮，设置水平居中、垂直居中对齐，两个图形完全重叠在一起，效果如图1-34所示。

STEP 06　单击工具箱中的"文字"工具，输入"长春职业技术学校"，在属性栏中设置字体为"方正隶书繁体"，字体大小为40pt。

STEP 07　执行菜单栏中的【文本】/【使文本适合路径】命令，移动鼠标到前面备份的圆形中，文字呈蓝色空心显示，将其调整至合适的位置，单击鼠标，确定文字当前的形态，效果如图1-35所示。

● 图1-34　　　　　　　　　　● 图1-35

STEP 08 在属性栏中，设置【与路径距离】、【水平偏移】量，调整文字的位置，如图1-36所示，效果如图1-37所示。

● 图1-36

STEP 09 单击工具箱中"形状"工具，此时每个文字左下角都会出现白色小方块，并且在文本框右下角和左下角都出现了箭头图标。向右拖动文本框右下角的箭头至合适位置，以调整文字间的距离，效果如图1-38所示。

● 图1-37　　　　　　　　　● 图1-38

STEP 10 在调色板中的⊠按钮上单击鼠标右键，取消轮廓。

STEP 11 设置文字的颜色为白色。

STEP 12 单击工具箱中的"文字"工具，输入"CHANGCHUN VOCATIONAL SCHOOL OF TECHNOLOGY"，在属性栏中设置字体为"Arial Narrow"，字体大小为"24pt"。

STEP 13 运用前面介绍的方法，将英文校名调整至合适的位置和形态，效果如图1-39所示。

STEP 14 单击工具箱中的"椭圆形"工具，按住【Ctrl】键在绘图窗口中拖动鼠标绘制一个正圆，按【F11】键，在弹出的【渐变填充】对话框中，设置其填充色为蓝色（CMYK：100、100、0、0）到青色（CMYK：100、0、0、0）的渐变色，如图1-40所示。轮廓颜色设为"无"，效果如图1-41所示。

● 图1-39

STEP 15 将所绘制的圆形复制一个，调整大小及位置，并放置在校标外部圆环中，效果如图1-42所示。

STEP 16 按【Ctrl+G】组合键，将任务二中所制作的图形和文字群组。

STEP 17 最后，将群组后的图形部分与文字部分全部选中，按【P】键使其在页面居中。至此，校标制作完成，效果如图1-43所示。

● 图1-40

● 图1-41

● 图1-42

● 图1-43

标志欣赏

请欣赏下列标志，如图1-44~图1-63所示。

● 图1-44

● 图1-45

● 图1-46

● 图1-47

1948
Bank of China
● 图1-48

1972
Service Bank Co.,Ltd.
● 图1-49

● 图1-50

● 图1-51

● 图1-52

● 图1-53

● 图1-54

● 图1-55

● 图1-56

● 图1-57

● 图1-58

● 图1-59

● 图1-60

● 图1-61

● 图1-62

● 图1-63

项目一 职业技术学校校标设计

课后实训项目

1. 为"宝酷儿"童装品牌设计标志。

客户要求：

（1）标志图文结合，清晰大方。

（2）构思精巧、易记、易识别，色彩、构图不局限，由设计人自由创作。

（3）作品附带文字说明稿。

2. 为以货物运输为主的"速易达"物流公司设计标志。

客户要求：

（1）标志简洁明快，大方得体。

（2）体现诚信、快捷、准点、安全的行业特点。

（3）适用于车身、网站、名片、信封、信笺等。

（4）作品附带文字说明稿。

项目二

双肩包系列

任务引入

老师：双肩包大家都很熟悉吧！
学生：是啊！
老师：今天我们就动手自己设计一款双肩包。
学生：设计一款具有个性的双肩包。
老师：下面我们就一起开始吧！

任务实施

● 创意与设计思想（相关知识）

双肩包概述

双肩包是对背在双肩的背包的统称。根据双肩包不同的用途又分成双肩电脑背包、双肩运动背包、双肩书包和束口绳包、军用背包、登山包等等。根据材质的不同，又可分为帆布包、牛津布包、尼龙布包。

本项目来设计一款时尚休闲双肩包。

时尚休闲双肩包，外观设计炫彩亮丽，体现出年轻、活力，秀出朝气蓬勃的精神，让这款时尚休闲双肩包简单而不单调，是青年休闲一族时尚的选择。

● 设计与制作任务描述

任务一：绘制双肩包

STEP 01 打开CorelDRAW，执行菜单栏中的【文件】/【新建】命令，或使用【Ctrl+N】组合键，新建一个空白页，设定纸张大小为A4，横向摆放，如图2-1所示。

图2-1

STEP 02 单击工具箱中"贝塞尔"工具和"形状"工具，在页面中合适位置绘制图形，效果如图2-2所示。

STEP 03 单击工具箱中"填充"展开工具栏中的"填充对话框"工具，或按【Shift+F11】组合键，在弹出的【均匀填充】对话框中，设置其填充为灰色（CMYK：0、0、0、80），如图2-3所示。轮廓宽度设置为"无"，效果如图2-4所示。

图2-2

图2-3

图2-4

STEP 04 单击工具箱中的"贝塞尔"工具和"形状"工具，在页面中合适位置绘制图形，并设置其填充颜色为（CMYK：0、0、0、85），轮廓宽度设置为"无"，效果如图2-5所示。

STEP 05 单击工具箱中的"贝塞尔"工具和"形状"工具，在页面中合适位置绘制图形，并设置其填充颜色为（CMYK：0、0、0、40），轮廓宽度设置为"无"，效果如图2-6所示。

图2-5　　　　　　　　图2-6

STEP 06 单击工具箱中的"贝塞尔"工具和"形状"工具，在页面中合适位置绘制图形，并设置其填充颜色为（CMYK：0、0、0、85），轮廓宽度设置为"无"，效果如图2-7所示。

STEP 07 单击工具箱中的"贝塞尔"工具和"形状"工具，在页面中合适位置绘制图形，并设置其填充颜色为（CMYK：0、16、100、0），轮廓宽度设置为"无"，效果如图2-8所示。

STEP 08 单击工具箱中的"贝塞尔"工具和"形状"工具，在页面中合适位置绘制图形，并设置其填充颜色为（CMYK：0、0、0、40），轮廓宽度设置为"无"，效果如图2-9所示。

STEP 09 单击工具箱中的"贝塞尔"工具和"形状"工具，在页面中的合适位置绘制图形，并设置其填充颜色为（CMYK：0、18、100、15），轮廓宽度设置为"无"，效果如图2-10所示。

● 图2-7　　　　　● 图2-8

● 图2-9　　　　　● 图2-10

STEP 10 单击工具箱中的"贝塞尔"工具和"形状"工具，在页面中的合适位置绘制图形，并设置其填充颜色为（CMYK：0、0、0、40），轮廓宽度设置为"无"，效果如图2-11所示。

STEP 11 单击工具箱中的"贝塞尔"工具和"形状"工具，在页面中的合适位置绘制图形，并设置其填充颜色为（CMYK：0、0、0、32），轮廓宽度设置为"无"，效果如图2-12所示。

● 图2-11　　　　　● 图2-12

STEP 12 单击工具箱中的"贝塞尔"工具 和"形状"工具 ，在页面中的合适位置绘制图形，并设置其填充颜色为（CMYK：0、0、0、80），轮廓宽度设置为"无"，效果如图2-13所示。

STEP 13 单击工具箱中的"贝塞尔"工具 和"形状"工具 ，在页面中合适位置绘制图形，并设置其填充颜色为（CMYK：0、0、0、67），轮廓宽度设置为"无"，效果如图2-14所示。

●图2-13　　　　　　　　●图2-14

STEP 14 单击工具箱中的"贝塞尔"工具 和"形状"工具 ，在页面中的合适位置绘制图形，并设置其填充颜色为（CMYK：0、16、100、0），轮廓宽度设置为"无"，效果如图2-15所示。

STEP 15 单击工具箱中的"贝塞尔"工具 和"形状"工具 ，在页面中合适位置绘制图形，并设置其填充颜色为（CMYK：0、0、0、65），轮廓宽度设置为"无"，效果如图2-16所示。

●图2-15　　　　　　　　●图2-16

STEP 16 单击工具箱中的"贝塞尔"工具 和"形状"工具 ，在页面中的合适位置绘制图形，效果如图2-17所示。并设置其填充颜色为（CMYK：2、12、94、0），轮廓宽度设置为"无"。

STEP 17 单击工具箱中的"贝塞尔"工具 和"形状"工具 ，在页面中的合适位置绘制图形，效果如图2-18所示。并设置其填充颜色为（CMYK：2、9、75、0），轮廓宽度设置为"无"。

●图2-17　　　　　　　　●图2-18

STEP 18 单击工具箱中的"贝塞尔"工具 和"形状"工具 ，在页面中的合适位置绘制图形，效果如图2-19所示。并设置其填充颜色为（CMYK：2、10、82、0），轮廓宽度设置为"无"。

STEP 19 单击工具箱中的"贝塞尔"工具 和"形状"工具 ，在页面中的合适位置绘制图形，效果如图2-20所示。并设置其填充颜色为（CMYK：0、14、87、0），轮廓宽度设置为"无"。

●图2-19　　　　　　　　●图2-20

STEP 20 单击工具箱中的"贝塞尔"工具 和"形状"工具 ，在页面中的合适位置绘制图形，效果如图2-21所示。并设置其填充颜色为（CMYK：0、13、80、0），轮廓宽度设置为"无"。

STEP 21 单击工具箱中的"贝塞尔"工具 和"形状"工具 ，在页面中的合适位置绘制图形，效果如图2-22所示。并设置其填充颜色为（CMYK：0、14、88、0），轮廓宽度设置为"无"。

●图2-21　　　　　　　　●图2-22

STEP 22 单击工具箱中的"贝塞尔"工具 和"形状"工具 ，在页面中的合适位置绘制图形，效果如图2-23所示。并设置其填充颜色为（CMYK：0、13、80、0），轮廓宽度设置为"无"。

STEP 23 单击工具箱中的"贝塞尔"工具和"形状"工具，在页面中的合适位置绘制图形，效果如图2-24所示。并设置其填充颜色为（CMYK：0、18、100、15），轮廓宽度设置为"无"。

● 图2-23　　　　　● 图2-24

STEP 24 选中图2-24所示图形，单击工具箱中的"交互式透明"工具，然后在属性栏中设置参数，如图2-25所示。原对象产生如图2-26所示的透明效果。

● 图2-25

STEP 25 用同样方法绘制双肩包上其他的图形，填充相应的颜色，并设置透明度参数。将绘制的所有图形选中群组（【Ctrl+G】），效果如图2-27所示。

● 图2-26　　　　　● 图2-27

STEP 26 绘制双肩包带。单击工具箱中的"贝塞尔"工具和"形状"工具，在页面中合适位置绘制图形，效果如图2-28所示。并设置其填充颜色为（CMYK：0、0、0、97），轮廓宽度设置为无。执行菜单栏中的【排列】/【顺序】命令，调整与前面所绘制图形的层次，效果如图2-29所示。

STEP 27 用同样方法绘制此处双肩包带上其他的图形，填充相应的颜色，调整与前面所绘制图形的层次，效果如图2-30所示。

● 图2-28　　　　　● 图2-29　　　　　● 图2-30

STEP 28 单击工具箱中的"贝塞尔"工具 和"形状"工具 ，在页面中的合适位置绘制图形，效果如图2-31所示。并设置其填充颜色为（CMYK：0、0、0、85），轮廓宽度设置为无。执行菜单栏中的【排列】/【顺序】命令，调整与前面所绘制图形的层次，效果如图2-32所示。

STEP 29 用同样方法绘制此处双肩包带上其他的图形，填充相应的颜色，调整与前面所绘制图形的层次，效果如图2-33所示。

● 图2-31　　　　　● 图2-32　　　　　● 图2-33

STEP 30 单击工具箱中的"贝塞尔"工具 和"形状"工具 ，在页面中的合适位置绘制图形，效果如图2-34所示。并设置其填充颜色为（CMYK：0、0、0、85），轮廓宽度设置为"无"。执行菜单栏中的【排列】/【顺序】命令，调整与前面所绘制图形的层次，效果如图2-35所示。

STEP 31 用同样方法绘制此处双肩包带上其他的图形，填充相应的颜色，调整与前面所绘制图形的层次，效果如图2-36所示。

● 图2-34　　　　　● 图2-35　　　　　● 图2-36

STEP 32 单击工具箱中的"贝塞尔"工具 和"形状"工具 ，在页面中合适位置绘制图形，效果如图2-37所示。并设置其填充颜色为（CMYK：0、0、0、89），轮廓宽度设置为无。执行菜单栏中的【排列】/【顺序】命令，调整与前面所绘制图形的层次，效果如图2-38所示。

STEP 33 用同样方法绘制此处双肩包带上其他的图形，填充相应的颜色，调整与前面所绘制图形的层次，效果如图2-39所示。

● 图2-37　　　　● 图2-38　　　　● 图2-39

STEP 34 单击工具箱中的"贝塞尔"工具 和"形状"工具 ，在页面中合适位置绘制图形，效果如图2-40所示。并设置其填充颜色为（CMYK：0、0、0、85），轮廓宽度设置为"无"。执行菜单栏中的【排列】/【顺序】命令，调整与前面所绘制图形的层次，效果如图2-41所示。

STEP 35 用同样方法绘制此处背包带上其他的图形，填充相应的颜色，调整与前面所绘制图形的层次，效果如图2-42所示。

STEP 36 单击工具箱中的"贝塞尔"工具 和"形状"工具 ，在页面中合适位置绘制图形，效果如图2-43所示。并设置其填充颜色为（CMYK：0、0、0、90），轮廓宽度设置为"无"。执行菜单栏中的【排列】/【顺序】命令，调整与前面所绘制图形的层次，效果如图2-44所示。

● 图2-40　　　　● 图2-41　　　　● 图2-42

STEP 37 用同样方法绘制此处双肩包带上其他的图形，填充相应的颜色，调整与前面所绘制图形的层次，效果如图2-45所示。

◉ 图2-43

◉ 图2-44

◉ 图2-45

STEP 38 单击工具箱中的"贝塞尔"工具 和"形状"工具 ，在页面中的合适位置绘制图形，效果如图2-46所示。并设置其填充颜色为（CMYK：0、0、0、95），轮廓宽度设置为"无"。执行菜单栏中的【排列】/【顺序】命令，调整与前面所绘制图形的层次，效果如图2-47所示。

◉ 图2-46

◉ 图2-47

STEP 39 用同样方法绘制此处双肩包带上其他的图形，填充相应的颜色，调整与前面所绘制图形的层次，效果如图2-48所示。至此，背包带绘制完成，效果如图2-49所示。

◉ 图2-48

◉ 图2-49

STEP 40 绘制双肩包侧面的网兜。单击工具箱中的"贝塞尔"工具 和"形状"工具 ，在页面中合适位置绘制图形，效果如图2-50所示。然后将所绘制的图形复制一个，拖放至绘图区内备用。

STEP 41 单击工具箱中的"椭圆形"工具 ，按住【Ctrl】键在页面中的合适位置拖动鼠标绘制一个正圆形，效果如图2-51所示。

图2-50　　　　　　　　图2-51

STEP 42 选中工作区中的正圆形，执行菜单栏中的【编辑】/【步长与重复】命令，或使用【Ctrl+Shift+D】组合键，打开【步长和重复】泊坞窗，具体参数的设置如图2-52所示，单击【应用】按钮，效果如图2-53所示。

STEP 43 选中工作区中的所有正圆形群组（【Ctrl+G】），再次执行菜单栏中的【编辑】/【步长和重复】命令，或使用【Ctrl+Shift+D】组合键，打开【步长和重复】泊坞窗，具体参数的设置如图2-54所示。并为图2-53所示图形设置颜色为（CMYK：0、0、0、100），轮廓宽度设置为"无"，效果如图2-55所示。

STEP 44 将生成的两组正圆形群组（【Ctrl+G】），再次执行菜单栏中的【编辑】/【步长和重复】命令，或使用【Ctrl+Shift+D】组合键，打开【步长和重复】泊坞窗，具体参数的设置如图2-56所示，效果如图2-57所示。

图2-52　　　　　　　　图2-53

图2-54　　　　　　　　图2-55

● 图2-56

● 图2-57

STEP 45 将图2-57所示图形用鼠标拖曳的方法选中，执行菜单栏中的【排列】/【结合】命令，或使用【Ctrl+L】组合键，将所选对象结合起来，其效果如图2-58所示。

STEP 46 确认图2-58所示图形处于选中状态，执行菜单栏中的【效果】/【精确裁切】/【放置在容器中】命令，并将鼠标移至前面留作备用的图形上单击，如图2-59所示。即可将图2-58所示图形放置在备用图形中，效果如图2-60所示。

● 图2-58　　　　　　● 图2-59

STEP 47 调整图2-60所示图形在双肩包中的大小、位置及与前面所绘制图形的层次，效果如图2-61所示。

● 图2-60　　　　　　● 图2-61

项目二　双肩包系列

任务二：绘制双肩包品牌标识

STEP 01 接下来绘制双肩包品牌标识。单击工具箱中的"椭圆形"工具，按住【Ctrl】键在绘图窗口中拖动鼠标绘制一个正圆形，效果如图2-62所示。

STEP 02 用同样方法绘制多个正圆形，调整其大小及位置，效果如图2-63所示。

● 图2-62　　　　　● 图2-63

STEP 03 将绘制的多个正圆形选中，执行菜单栏中的【排列】/【修整】/【焊接】命令，或单击属性栏中的"焊接"按钮，操作后的效果如图2-64所示。

STEP 04 单击工具箱中的"形状"工具，调整焊接好的图形的形状，效果如图2-65所示。

● 图2-64　　　　　● 图2-65

STEP 05 单击"填充"展开工具栏中的"渐变填充"工具，或按【F11】键，在弹出的如图2-66所示【渐变填充】对话框中，设置其填充为白色（CMYK：0、0、0、0）到灰色（CMYK：0、0、0、20）的自定义渐变色。轮廓颜色设置为灰色（CMYK：0、0、0、60），轮廓宽度为1mm，效果如图2-67所示。执行菜单栏中的【排列】/【锁定对象】命令，将所选对象锁定起来。

● 图2-66　　　　　　　　　● 图2-67

STEP 06 用同样方法在合适的位置绘制多个正圆形，调整其大小及位置，效果如图2-68所示。

STEP 07 单击工具箱中的"贝塞尔"工具绘制多条曲线段，效果如图2-69所示。

● 图2-68

● 图2-69

STEP 08 将绘制的多个正圆形与曲线段选中，单击属性栏中的"创建围绕选定对象的新对象"按钮，操作后的效果如图2-70所示。

STEP 09 为图形设置填充颜色为（CMYK：0、16、100、0），轮廓颜色设置为（CMYK：0、48、100、0），轮廓宽度设置为1mm，效果如图2-71所示。

● 图2-70

● 图2-71

STEP 10 绘制一个正圆形，调整其大小和位置，为图形设置填充颜色为（CMYK：0、47、100、8），轮廓颜色设置为（CMYK：0、0、0、60），轮廓宽度设置为0.5mm，效果如图2-72所示。

STEP 11 将正圆形原位复制一个，按住【Shift】键，调整复制的正圆的大小，为图形设置填充颜色（CMYK：0、48、100、0），轮廓颜色设置为（CMYK：0、47、100、8），轮廓宽度设置为0.5mm，效果如图2-73所示。

● 图2-72

● 图2-73

STEP 12 用同样方法再绘制一个稍小的正圆形，为图形设置填充颜色为（CMYK：0、16、100、0），轮廓颜色设置为（CMYK：0、29、72、8），轮廓宽度设置为0.5mm，效果如图2-74所示。

STEP 13 单击工具箱中的"贝塞尔"工具和"形状"工具，在页面中的合适位置绘制图形，效果如图2-75所示。

● 图2-74

● 图2-75

STEP 14 单击"填充"展开工具栏中的"渐变填充"工具，或【F11】键，在弹出的【渐变填充】对话框中，设置其填充颜色为白色（CMYK：0、0、0、0）到灰色（CMYK：0、0、0、20）的自定义渐变，如图2-76所示。轮廓设置为"无"，效果如图2-77所示。

● 图2-76

● 图2-77

STEP 15 单击工具箱中的"交互式透明"工具，然后在属性栏中设置参数，如图2-78所示。原对象产生如图2-79所示的透明效果。

● 图2-78

STEP 16 单击工具箱中的"贝塞尔"工具和"形状"工具，在页面中的合适位置绘制图形，并设置填充颜色为白色（CMYK：0、0、0、0），效果如图2-80所示。

STEP 17 单击工具箱中的"交互式透明"工具，然后在属性栏中设置参数，如图2-81所示。原对象产生如图2-82所示的透明效果。

● 图2-79　　　　● 图2-80

平面广告设计与制作（第2版）

● 图2-81

STEP 18 单击工具箱中的"贝塞尔"工具 和"形状"工具 ，在页面中的合适位置绘制图形，并设置填充颜色为红色（CMYK：0、100、100、0），效果如图2-83所示。

● 图2-82

● 图2-83

STEP 19 为图形填充渐变颜色，具体参数的设置如图2-84所示，轮廓设置为"无"。

STEP 20 执行菜单栏中的【排列】/【顺序】/【向后一层】命令，调整图形的层次位置。将前面绘制的组成品牌标识的图形都选中，将其群组，效果如图2-85所示。至此，品牌标识绘制完成。

● 图2-84

● 图2-85

STEP 21 单击工具箱中的"贝塞尔"工具 和"形状"工具 ，在双肩包的合适位置绘制图形，并设置填充颜色为（CMYK：0、0、0、85），效果如图2-86所示。

STEP 22 将所绘制的品牌标识调整大小，放置在双肩包的合适位置，效果如图2-87所示。

● 图2-86

● 图2-87

项目二 双肩包系列

任务三：绘制双肩包拉链

STEP 01 接下来绘制双肩包拉链。单击工具箱中的"贝塞尔"工具和"形状"工具，在页面中合适位置绘制图形，并设置填充颜色为（CMYK：0、0、0、85），效果如图2-88所示。

STEP 02 用同样方法，在图形中合适位置绘制其他图形，并填充相应的颜色，效果如图2-89所示。双肩包的拉链头绘制完成。

STEP 03 单击工具箱中的"贝塞尔"工具和"形状"工具，在页面中的合适位置绘制图形，并设置填充颜色为（CMYK：0、18、100、15），效果如图2-90所示。

STEP 04 用同样方法，在图形合适位置绘制其他图形，并填充相应的颜色，效果如图2-91所示。拉链绳绘制完成。

●图2-88　　　●图2-89　　　●图2-90　　　●图2-91

STEP 05 将所绘制的双肩包拉链调整大小放置在双肩包的合适位置，效果如图2-92所示。将拉链复制多个，调整其大小，放置在双肩包的合适位置，效果如图2-93所示。

●图2-92　　　　　　●图2-93

STEP 06 单击工具箱中的"贝塞尔"工具和"形状"工具，在页面中的合适位置绘制图形，并设置填充颜色为（CMYK：0、0、0、20），效果如图2-94所示。

STEP 07 将绘制的图形复制，并按【Ctrl+Shift】组合键，将复制所得到的图形等比例缩小，效果如图2-95所示。

STEP 08 将两个图形同时选中，执行菜单栏中的【排列】/【结合】命令，或单击属性栏中的"结合"按钮，操作后的效果如图2-96所示。

● 图2-94　　　　　　● 图2-95　　　　　　● 图2-96

STEP 09 为图形填充渐变颜色，具体参数的设置如图2-97所示，轮廓设置为"无"。效果如图2-98所示。

● 图2-97　　　　　　　　　　● 图2-98

STEP 10 单击工具箱中的"贝塞尔"工具和"形状"工具，在页面中的合适位置绘制图形，并设置填充颜色为（CMYK：0、0、0、88），调整图形的层次，效果如图2-99所示。

STEP 11 用同样方法，在页面合适位置绘制其他图形，并填充相应的颜色，效果如图2-100所示。

STEP 12 将所绘制的图形群组，并调整大小，放置在双肩包的合适位置，效果如图2-101所示。

● 图2-99　　　　　　● 图2-100　　　　　　● 图2-101

STEP 13 单击工具箱中的"椭圆形"工具，按住【Ctrl】键在绘图窗口中拖动鼠标绘制一个正圆形，并设置填充颜色为（CMYK：0、0、0、88），轮廓设置为"无"，效果如图2-102所示。

项目二　双肩包系列

STEP 14 用同样方法绘制多个同心正圆形，并填充相应颜色，效果如图2-103～图2-105所示。

🔴 图2-102　　🔴 图2-103　　🔴 图2-104　　🔴 图2-105

STEP 15 将所绘制的图形群组，调整其大小并复制一个，将其放置在双肩包的合适位置，效果如图2-106所示。双肩包绘制完成。

STEP 16 因为要正式生产，所以在绘图的时候，要绘制出不同的款式和颜色的双肩包，图2-107就是背包的其他效果，在样式上有的也有一些变化。

🔴 图2-106

🔴 图2-107

🔴 双肩包欣赏

请欣赏下列双肩包效果图，如图2-108～图2-111所示。

🔴 图2-108

图2-109

图2-110

图2-111

课后实训项目

请设计一款时尚休闲双肩包。

设计要求:

1. 针对年轻人群体,外观设计独特;
2. 色彩设计亮丽多彩,具有活力;
3. 注意功能设计,体现实用性。

项目二 双肩包系列

宣传海报设计

公益宣传海报　　　圣诞晚会海报

音乐会宣传海报　　　新街招商宣传海报

项目一　职业技术学校校标设计

项目二　双肩包系列

√ 项目三　宣传海报设计

项目四　财富大卖场VI系统的设计

项目五　卡通画设计

项目六　DM广告

项目七　包装设计

项目八　"健康与养生"书籍装帧设计

项目九　"南岸小筑"楼盘宣传系列广告策划及制作

项目三

宣传海报设计

老师：各种各样的宣传海报，在我们生活中随处可见，哪位同学能列举一下，你都在哪里看到过宣传海报？
学生：商业区的街道、商场、车站、各种展会等。
老师：那你知道宣传海报的作用吗？
学生：吸引观众的注意力、达到宣传的目的。
老师：同学说得很对，本项目我们就通过几幅宣传海报的制作，学习各种宣传海报的设计方法。

海报设计（相关知识）

海报设计是广告设计的一种类型，海报设计包含的范畴很广泛。如果3-1和图3-2所示。

海报的发展与社会经济的发展是同步的，也随着印刷的发展而普及。随着人民生活水平的不断提高，文化生活日益丰富。无论商品还是文化的推广，都会借助海报的传播力量，海报的表现形式也更为多样化。

海报也属于视觉传达的一种，其目的是通过海报这一载体中的图像和文字将信息传播给大众。由于现代广告的发展与普及，人们每天都要接受大量的信息，怎样能让受众在最短的时间内读懂海报表达的主题是设计师设计海报成功与否的关键所在。

图3-1

在商品经济的社会中，海报出现最多的场合是商业领域，例如：电影院中的电影海报、剧院中的演唱会海报、时装发布会的时装海报等。各种形式的海报会随着各样商业形式应运而生，有商业活动时必然会出现宣传海报。

海报也称"招贴"。海报的英文是"Poster"，意为张贴在木柱、墙上或车辆上的印刷广告。大尺寸的画面，强烈的视觉冲击力和卓越的创意构成了现代海报最主要的特征。"海报是一张充满信息情报的纸"。世界最卓越的设计师，几乎都是因为在海报方面取得非凡成就而闻名于世。从某种意义上说，对海报设计进行深入的研究已经成为设计师获得成功的必经之路。海报作为一种视觉传达艺术，最能体现出平面设计的形式的特征。它具有视觉设计最主要的基本要素，它的设计理念、表现手段及技法较之其他广告媒介更具典型性。

1. 海报的设计内容

（1）社会公共海报：包括政治活动、环保、交通、社会公德招贴等；

（2）文化事业海报：包括电影、音乐、美展、印刷招贴等；

（3）商业性质海报：包括工厂、企业、商场招贴等。

2. 海报设计的表现形式

（1）写实：给人们的感觉真实、自然；

（2）抽象：极具丰富的想象力，耐人寻味；

（3）装饰性：给人们一种图形或色彩的装饰美感；

（4）摄影：真实而生动的表现手法，极具吸引力。

● 图3-2

3. 海报的构图

海报的构图是指将文字、图画、摄影等素材进行适当的安排，使观众一看便有一种愉快的感觉。因为招贴的版式形状大都是长方形或正方形，所以图文和字体要安排新颖、突出，才能避免平板、无趣的弊病。要注意画面上空间的处理，密的地方不显拥挤，疏的地方不会感到空缺，始终保持一种疏密结合的感觉。

设计与制作任务描述

任务一：公益宣传海报设计

禁止吸烟公益广告效果如图3-3所示。

● 图3-3

STEP 01 新建画布，具体参数的设置如图3-4所示。

STEP 02 打开"拾色器"对话框，将背景设置为黄色，如图3-5所示。

● 图3-4

● 图3-5

STEP 03 制作禁烟标志。新建图层，按【Ctrl+Shift+N】组合键，选择椭圆选框工具，按【Shift】键绘制一个正圆，将中心删除得到一个圆环，填充为红色，如图3-6所示。

STEP 04 新建图层，选择矩形选框工具绘制一个矩形（宽度与圆环宽度相近），填充为红色，将其自由变形【Ctrl+T】，效果如图3-7所示。

● 图3-6　　　　　● 图3-7

STEP 05 新建图层，用矩形选区画出一个抽象的烟杆，再利用钢笔工具画出抽象的飘浮的烟，如图3-8所示。

STEP 06 输入文字："你的生命已经进入倒计时"，将其设置为竖版形式，具体参数的设置如图3-9所示，文字效果如图3-10所示。

● 图3-8　　　　　● 图3-9

STEP 07 输入文字："吸烟害人又害己"，首先将图层栅格化，然后再按【Ctrl+T】组合键，自由变换，按【Ctrl+Shift+Alt】组合键，将其个别角拉大；再添加图层样式，如图3-11所示。

STEP 08 输入广告词："要学会对烟说'NO'"，对文字添加图层样式，如图3-12所示。

● 图3-10

● 图3-11

● 图3-12

STEP 09 打开一幅烟的素材，将其添加图层样式"投影"，如图3-13所示。

STEP 10 新建图层，利用圆形和矩形选区画出一个炸弹的造型，再画上眼睛和嘴，使其更加人性化，再单击画笔工具，画出一个导火线，具体参数的设置如图3-14所示，将炸弹和烟连接上，效果如图3-15所示。

图3-13

图3-14

图3-15

STEP 11 用钢笔工具沿画笔的行程画路径，再沿着路径打数字"1～10"，并加入图层样式"投影"，效果如图3-16所示。

图3-16

STEP 12 用钢笔工具勾勒出炸弹爆炸的气氛，填充渐变，并且复制出几个，将其缩放不同的大小，如图3-17所示。

● 图3-17

STEP 13 整体效果如图3-3所示。

任务二：圣诞晚会海报制作

圣诞晚会海报效果如图3-18所示。

● 图3-18

STEP 01 新建画布，具体参数的设置如图3-19所示。

STEP 02 将背景填充为渐变色，具体参数的设置如图3-20所示。

● 图3-19

● 图3-20

STEP 03 选择画笔工具，形状如图3-21所示，制作出一个彩带。

● 图3-21

STEP 04 输入文字"圣诞晚会"，添加图层样式"描边"，并且复制出一个图层，再次添加图层样式"描边"，具体参数的设置如图3-22所示，添加图层样式后的文字效果如图3-23所示。

● 图3-22

STEP 05 打开素材图片"铃铛"，选择移动工具将其拖曳到新文件中，放置在画布的右上角，如图3-24所示。

STEP 06 在背景层上方新建图层，输入英文字母"Marry Christmas"，复制若干个，同时降低不透明度为15%，如图3-25所示。

项目三 宣传海报设计

● 图3-23

● 图3-24   ● 图3-25

STEP 07 单击画笔工具，选中一个柔角圆形画笔，新建一个图层，前景色调为白色，在画布上点若干个点，模拟雪花效果，并且随时调节画笔的大小，效果如图3-26所示。

STEP 08 选择竖排文字工具，输入广告词文字："温馨平安夜，快乐不夜天"，添加图层样式，具体参数的设置如图3-27所示，文字效果如图3-28所示。

● 图3-26

● 图3-27

STEP 09 将"圣诞老人"素材导入到画布里,如图3-29所示,再用钢笔工具勾勒出纸的样子,如图3-30所示。

● 图3-28

● 图3-29

● 图3-30

STEP 10 输入文字祝福语,并添加图层样式,具体参数的设置如图3-31所示。

● 图3-31

STEP 11 在画布左下角输入时间、地点,在右下角输出文字"快乐如此简单",并复制一层,对下面图层执行【滤镜】/【模糊】/【动感模糊】命令,文字效果如图3-32所示,"动感模糊"对话框的设置如图3-33所示。

● 图3-32　　　　　　　　　　● 图3-33

项目三　宣传海报设计

STEP 12 最终效果如图3-34所示。

图3-34

任务三：音乐会宣传海报制作

音乐会宣传海报效果如图3-35所示。

图3-35

STEP 01 新建画布，具体参数的设置如图3-36所示。

STEP 02 背景填充渐变色，"渐变编辑器"对话框中的具体参数如图3-37所示。

STEP 03 将素材"小提琴"移入文件中，并降低该图层透明度为20%，效果如图3-38所示。

● 图3-36

● 图3-37

● 图3-38

STEP 04 制作透明字"2007"，效果如图3-39所示，并添加图层样式，具体参数的设置如图3-40所示。

● 图3-39

● 图3-40

▶▶▶ 项目三　宣传海报设计　45

STEP 05 用钢笔工具勾勒出如下所示图形，再输入文字，并调整至合适的位置，如图3-41所示。

图3-41

STEP 06 单击自定义形状工具，在选项条中打开全部自定义形状调板，如图3-42所示。从中找到高音谱号音符的图形，新建一个图层，选中"路径"，按【Shift+Alt】组合键，同比例画出一个音符，并填充黄色，如图3-43所示。

图3-42　　　　　图3-43

STEP 07 按住【Ctrl】键的同时单击点按图层中音符的缩略图，使其转变成选区，再选中当前"激情音乐会"的黑色背景层，单击橡皮擦工具，将选区部分擦掉，将音符挂在"激情音乐会"文字的一角上，如图3-44所示。

图3-44

STEP 08 将透明度降低的小提琴复制一个,并且将不透明度调回100%,并缩小,放在透明字"2007"的前面,如图3-45所示。

STEP 09 用矩形选区制作出一对括号,再输入其他文字信息,如图3-46所示:时间、地点、主办、承办等,整体效果及图层样式的设置如图3-47所示。

● 图3-45　　　　　　　　　　　　● 图3-46

● 图3-47

STEP 10 输入文字"天籁之音、和调之声",具体参数的设置如图3-48所示。

STEP 11 用钢笔工具勾勒出如下所示的花纹,再在上边打上文字"星空中的声音",将文字栅格化,其中部分笔画用自定义图形中的某些音符来代替,如图3-49所示。

● 图3-48

● 图3-49

STEP 12 制作星星：首先新建一个图层，用矩形选区画出一个细长的矩形，填充为白色，并且执行【滤镜】/【模糊】/【动感模糊】命令，如图3-50所示。

● 图3-50

STEP 13 将其复制并旋转90度，将两个图层合并，再复制，并旋转45度，得到的效果如图3-51所示。

● 图3-51

STEP 14 设置羽化值为30像素，在其中心按【Shift】键画正圆，填充"白色"。将这三个图层合并，复制若干个，缩放成不同的大小，放置在不同的位置，如图3-52所示。

STEP 15 最后完成的音乐会效果图如图3-53所示。

图3-52

图3-53

> **说明**
> 在实际设计制作时,此类宣传海报一定要体现确定的时间、地址等具体信息。

相关设计欣赏

请欣赏相关设计,如图3-54～图3-56所示。

图3-54

● 图3-55

● 图3-56

课后实训项目

请设计一则"清凉之夏"学院音乐会的宣传海报。

设计要求：

1. 文件大小50厘米*35厘米，RGB颜色模式，分辨率为150像素/英寸。

2. 存储格式为.PSD的源文件格式，保留必要的图层。

3. 至少运用三种知识点：图层蒙版、通道、图层样式、图层模式、滤镜、色彩调整及各种工具的综合运用。

4. 色彩运用合理，能够突显主题。

5. 文字效果突出，图片选择符合主题，位置搭配得当，图文和谐。

6. 作品布局合理，符合海报设计要求，主题鲜明，创意独特。

财富大卖场VI系统的设计

项目一　职业技术学校校标设计

项目二　双肩包系列

项目三　宣传海报设计

✓ 项目四　财富大卖场VI系统的设计

项目五　卡通画设计

项目六　DM广告

项目七　包装设计

项目八　"健康与养生"书籍装帧设计

项目九　"南岸小筑"楼盘宣传系列广告策划及制作

财富大卖场VI系统的设计

老师： 大家还记得前面我们学习过的标志吧！
学生： 是啊！
老师： 那么标志的主要特征是什么呢？
学生： 造型简洁，易于记忆的一些符号。
老师： 那么，今天我们所要学习的设计可不只是一个标志的设计了，而是以生动表述内涵的设计应用多角度、全方位地反映企业的经营理念的VI设

计。

● 创意与设计思想（相关知识）

1. VI要素设计内容

VI要素设计一般包括以下内容。

基础系统：包括企业标志、标准字、标准色以及它们的标准组合等。

应用系统：包括办公用品（名片、信纸、票据、证件、标牌等）、企业办公及厂房的导视系统、生产环境、企业介绍、产品包装、礼品包装、交通运输工具、员工服饰以及广告设计系统（报纸、广播、电视、网络、户外等广告设计规范）等。

2. VI设计的基本原则

VI设计不是简单的符号设计，而是以MI（企业经营理念，把企业的经营理念提升到系统化、规范化的形式与公众进行沟通，这是企业市场竞争和发展的核心定位，也是企业

与公众沟通联系的纽带,如海尔的"真诚到永远"诉求,使企业经营理念得到深化)为核心的生动形象的表述。VI设计应多角度、全方位地反映企业的经营理念。

VI设计一般遵循以下基本原则:

(1)风格的统一性原则;

(2)强化视觉冲击的原则;

(3)强调人性化的原则;

(4)可实施性原则;

(5)符合审美规律的原则;

(6)严格管理的原则;

(7)增强民族个性与尊重民族风俗的原则。

VI设计应具有很强的可实施性与易操作性。如果在实施性和操作性上过于麻烦或因成本昂贵而影响实施,再优秀的VI设计也会由于难以落实而成为空中楼阁、纸上谈兵。在积年累月的实施过程中,还要充分监督各实施部门或人员,严格按照VI手册的规定执行,保证企业VI战略的顺利实施。

首先我们就来看看中国电信的标志设计,如图4-1所示。

(1)标识整体造型质朴简约,静动相生,线条流畅,富有动感,字母趋势线的变化组合,具有强烈的时代感和视觉冲击力,传达出一个现代通信企业的崭新形象。

(2)整个标识以字母C为主体元素,两个C在明快的节奏中交织互动,直接代表着"中国电信",同时共同组成了一个运动的"中"字。

图4-1

(3)两个开口的字母C向远方无限延伸,仿佛张开的双臂,又似地球的经纬,传递着中国电信的自信和热情,象征着阔达的胸襟、开放的意识、长远的目光、豪迈的气势,意味着四通八达、畅通高效的电信网络连接着世界的每一个角落,服务着更多的用户,C作为英文"用户、企业、合作、竞争"的第一个字母,它的交融互动也强烈表达了中国电信"用户至上,用心服务"的服务理念,体现了与用户手拉手、心连心的美好情感。同时也蕴涵着中国电信全面创新,不断超越自我,以更宽广的胸怀与社会各界携手合作,共同促进中国信息产业进步和繁荣的良好心愿。

(4)高高挑起的两角,凸显出简洁而充满活力的牛和展翅飞翔的和平鸽图案,既表现了中国电信脚踏实地、求真务实、辛勤耕耘的精神,又展现了中国电信与时俱进、蒸蒸日上、蓬勃发展的良好前景。

设计与制作任务描述

标志,按用途可划分为商业性标志和非商业性标志。商业性标志一般是指公司、企业等盈利为主的团体和机构的标志;非商业性标志一般包括行政事业单位标志、公共设施标志、文化活动标志等。标志设计的原则是一种面向大众的传播符号，以精练的选型反映丰富的寓意和内涵。设计者一般需要把握标志设计的延展性、美观性、适用性、识别性、寓意性5个原则。

首先我们来看看财富大卖场的标志设计，标志以"铜钱"形状构成图案，个性方形图案立在"铜钱"中心，寓企业立首善之地；是以恒久不已的首善之地；标志主色调以红金映衬，吉祥富贵。标志造型天圆地方，象征企业顺应"天时、地利、人和"之"三才"要义，象征企业上下团结一致，为共创一流企业而努力。本项目以设计制作财富大卖场的VI为例，介绍使用Adobe Illustrator软件设计制作的要求与操作步骤。

任务一：企业视觉识别VI系统基础系统的设计

1. 标志设计

标志设计如图4-2所示。

● 图4-2

STEP 01 打开Adobe Illustrator软件，执行菜单栏中的【文件】/【新建】命令，或按【Ctrl+N】组合键，打开【新建】对话框，设置【名称】为"标志"，【大小】为"A4"，【取向】为"横向"，如图4-3所示。

● 图4-3

STEP 02 双击"矩形网格"工具，打开【矩形网格工具选项】对话框，如图4-4所示，绘制矩形网格。圆环的绘制如图4-5～图4-9所示。

● 图4-4　　　　　　　　　　● 图4-5

● 图4-6　　　　　　　　　　● 图4-7

● 图4-8　　　　　　　　　　● 图4-9

STEP 03 在窗口菜单中打开路径查找器调板，选中两个圆，选择形状模式中的差集，然后填充30%的灰色即可，效果如图4-10和图4-11所示。

● 图4-10

STEP 04 单击矩形工具（M）按钮，按住【Shift】键不放，以圆环的中心点为中心画一正方形，效果如图4-12所示。

项目四　财富大卖场VI系统的设计

● 图4-11　　　　　　　● 图4-12

STEP 05 执行【滤镜】/【扭曲】/【收缩和膨胀】菜单命令，弹出【收缩和膨胀】对话框，在对话框中拖拉进行相应的参数设置，可得到变形的图形，效果如图4-13和图4-14所示。

● 图4-13　　　　　　　● 图4-14

STEP 06 选择文字工具（T）命令，分别录入"招财纳富"几个字，然后选择宋体繁体，选择文字菜单中的创建轮廓，得到的效果如图4-15所示。

STEP 07 在制作标志时，有标志保护区的限制和最小可识别范围，效果如图4-16和图4-17所示。

● 图4-15　　　　● 图4-16　　　　● 图4-17

2. 标志墨稿的特殊设计

在广告宣传、设计装饰或一些特殊场合下，需要强化标志的形象认同时，标志可以采用不同的表现形式，促进标志特征的显现。为了适应发布媒体的需要，标志除彩色图例处，亦制订反白图形，保证标志在对外的形象中，能体现一致性。标志墨稿反白稿主要应用于报纸广告等单色（黑色）印刷范围内，使用时请严格按此规定进行。效果如图4-18和图4-19所示。

图4-18　反白稿效果　　　　图4-19　墨稿效果

3. 标准色的设计

标准色是企业视觉识别系统中极为重要的视觉传达要素，某种程度上甚至大于标志的作用，所以严格规范的标准色是建立统一、有效、鲜明的企业形象的重要保证，本例采用的色标为国际通用标准，使用时应严格按照本例规定执行。效果如图4-20～图4-22所示。

图4-20　标准四色字 M100Y100K20　　　图4-21　标准四色红 M20Y60　　　图4-22　标准黑 K100

4. 辅助色的设计

辅助色是标准色的延展和补充，与标准色配合使用可获得更为丰富的色彩效果，增强视觉表现力，在不同的输出设备或材质上，色彩会有差异，请选择以印刷为准的相近色彩（注：辅助色不能代替标准色使用）。效果如图4-23～图4-25所示。

图4-23　专色红或标准调色红 C10M100Y100K30　　　图4-24　专色金　　　图4-25　专用银或标准银灰 K55

5. 标志与标准字组合规范的设计

（1）竖式组合。标志组合为企业形象基本常用元素，应用时不得随意更改其比例关系。标志组合保护区内严禁出现干扰元素。效果如图4-26和图4-27所示。

● 图4-26

● 图4-27

（2）横式组合，效果如图4-28和图4-29所示。

● 图4-28

标志保护区：

● 图4-29

任务二：企业视觉识别VI系统办公系统的设计

1．名片设计要求

名片设计就是每家企事业的门面，也是公司给大众的印象。在设计方面一定要恰到好处，通过有限的空间表现出公司的形象，设计一定要简洁明了，效果如图4-30所示。

规格：90mm×55mm　　／／　　材料：250克超感滑面

工艺：四色或专色印刷　／／　　色彩：标志标准色

● 图4-30

STEP 01 名片是VI设计的基础内容，是每个设计师必须掌握的技能。本例如图4-31所示，熟练掌握Adobe Illustrator中的矩形工具、文字工具、颜色等命令。

姓名：方正楷体简体，22pt
职务：方正宋一简体，9pt
其他汉字：方正宋三简体，8pt
英文及数字：AvantGarde Bk Bt，8pt

● 图4-31

2. 信封设计要求

信封设计效果如图4-32所示。

规格：220mm×110mm　//　材料：120克胶版纸

工艺：四色或专色印刷　//　色彩：标志标准色

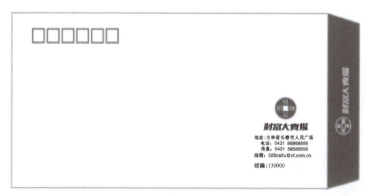

● 图4-32

3. 西式信封设计要求

西式信封设计效果如图4-33所示。

规格：325mm×230mm

材料：120克胶版纸

工艺：四色或专色印刷

色彩：标志标准色

中文：方正宋黑简体，8pt
英文及数字：AvantGarde Bk Bt，8pt
邮政编码：方正小标宋简体，11pt

图4-33

4. 信纸（传真纸）设计

信纸设计效果如图4-34所示。

规格：210mm×297mm

材料：80克胶版纸或环保纸

工艺：四色或专色印刷

色彩：标志标准色，文字K70

中文：方正宋三简体7pt

英文：ArialBlack 7pt

图4-34

5. 传真纸设计

传真纸设计效果如图4-35所示。

规格：210mm×297mm

材料：80克胶版纸

工艺：打印

色彩：K100

图4-35

6. 便签设计

设计一：效果如图4-36所示。

规格：105mm×145mm

材料：80克胶版纸

工艺：专色印刷

色彩：标志标准色

设计二：效果如图4-37所示。

规格：100mm×100mm，可视实际情况调整

材料：80克胶版纸

工艺：四色或专色印刷

色彩：图案K15

便签一

图4-36

便签二

图4-37

7. 塑料文件袋标签及资料袋设计

（1）塑料文件袋标签设计的效果如图4-38所示。

规格：视具体情况，标志高度不能小于7.5mm

材料：140克胶版纸

工艺：四色或专色印刷

色彩：标志标准色

（2）资料袋效果如图4-38所示。

规格：245mm×340mm，起墙35mm

材料：200克哑版纸

工艺：四色或专色印刷

色彩：标志标准色

文字：方正大标宋简体，48pt，K70

注：塑料文件袋从市场买成品

● 图4-38

8．挂带及工作证设计

（1）挂带设计效果如图4-39所示。

规格：15mm

材料：尼龙挂带

工艺：丝网印刷

色彩：标志标准色

挂带底色：辅助色

（2）工作证设计效果如图4-40所示。

规格：100mm×130mm

材料：PVC外套

工艺：内插纸印刷或打印

色彩：标志标准色

● 图4-39

● 图4-40

9. 胸卡牌设计

胸卡牌设计效果如图4-41和图4-42所示。

规格：57mm×15mm

材料1：亚克力雕刻

工艺1：丝网印刷

材料2：不锈钢镀钛金

工艺2：腐蚀填漆

姓名字体：文鼎CS中黑，16pt

拼音字体：Arial，8pt

51.5
● 图4-41

● 图4-42

10. 纸杯设计

纸杯效果如图4-43和图4-44所示。

材料：250克纯木浆纸

工艺：柔版印刷

色彩：标志标准色

● 图4-43　　　　　● 图4-44

11. 手提袋设计

手提袋设计一：效果如图4-45所示。

规格：300mm×400mm×80mm

材料：250克单粉纸

工艺：四色或专色印刷

标志：烫金或专色印刷

色彩：底纹红：C10 M90 Y100 K40

● 图4-45

手提袋设计二：效果如图4-46所示。

规格：300mm×400mm×80mm

材料：250克单粉纸

工艺：四色或专色印刷

标志：烫金或专色印刷

色彩：底纹灰：K12

注：文字内容仅供参考。

图4-46

塑料袋设计

具体产品尺寸由厂方提供（注：塑料袋厚度不能低于10个丝，文字内容仅供参考），效果如图4-47和图4-48所示。

图4-47　　　　图4-48

项目四　财富大卖场VI系统的设计

12. 管理人员服装设计

管理人员服装设计效果如图4-49～图4-52所示。

注：管理人员服装从市场购买。

成品：首选图例颜色。

女春秋装　　女夏装
● 图4-49　　● 图4-50

13. 保安人员服装设计

保安人员服装设计效果如图4-53和图4-54所示。

注：保安人员服装从市场购买。

成品：首选图例颜色。

14. 清洁和维修工作装设计

清洁和维修工作装设计效果如图4-55～图4-57所示。

注：清洁和维修工作装从市场购买。

成品：首选图例颜色。

男春秋装　　男夏装
● 图4-51　　● 图4-52

春秋装　　　夏装
● 图4-53　　● 图4-54

春秋装　　　夏装　　　工作装
● 图4-55　　● 图4-56　　● 图4-57

15. 围裙的设计

围裙设计效果如图4-58和图4-59所示。

● 图4-58　　● 图4-59

任务三：企业视觉识别VI系统应用系统的设计

1. 室外广告

室外广告效果如图4-60所示。

材料：写真布、相纸、灯箱片

工艺：写真喷绘

标志：标志标准色

注：文字内容仅供参考。

2. 室内广告

室内广告效果如图4-61所示。

● 图4-60

● 图4-61

材料：写真布、相纸、灯箱片

工艺：写真喷绘

标志：标志标准色

注：文字内容仅供参考。

3. 防撞条设计

防撞条设计效果如图4-62和图4-63所示。

材料：背胶

工艺：写真喷绘

色彩：标志标准色

● 图4-62

● 图4-63

4．启示牌设计

启示牌设计一：效果如图4-64所示。

材料：KT板及背胶 ／ ／ 工艺：写真喷绘

色彩：标志标准色、辅助色 ／ 注：文字内容仅供参考

启示牌设计二：效果如图4-65所示。

材料：背胶或不锈钢边及亚克力面

工艺：写真喷绘粘贴

色彩：标志标准色、辅助色

● 图4-64   ● 图4-65

5. 告示牌设计

告示牌设计效果如图4-66所示。

材料：KT板及背胶或POP专用纸

工艺：写真喷绘或手绘POP

色彩：标志标准色、辅助色

● 图4-66

6. 公司旗及桌旗设计

（1）公司旗设计效果如图4-67所示。

建议规格：1600mm×2400mm（国际2号旗）

材料：涤纶

工艺：打染

色彩：国旗红

（2）桌旗设计效果如图4-68所示。

规格：140mm×210mm

工艺：打染

色彩：国旗红

● 图4-67

● 图4-68

7. 户外楼体形象设计

户外楼体形象设计效果如图4-69和图4-70所示。

材料：亚克力吸塑灯箱

工艺：制作

8. 楼层指示牌设计

楼层指示牌效果如图5-71所示。

材料：铝型材、可更换式结构（注：文字内容仅供参考）

工艺：标志采用金色亚克力雕刻粘贴

文字采用背胶粘贴

装饰条采用金色模粘贴

图4-69　　　　　　　　　　图4-70

图4-71

9. 办公室门牌及办公室空间导示牌的设计

办公室门牌及空间导示牌的效果如图4-72和图4-73所示。

材料：亚克力

工艺：雕刻及胶粘贴（注：文字内容仅供参考）

10. 警告牌的设计

警告牌的设计效果如图4-74所示。

材料：KT板及背胶

工艺：写真喷绘

● 图4-72　　　　　　　● 图4-73

● 图4-74

11. 平面示意牌的设计

平面示意牌的设计效果如图4-75所示。

材料：KT板及背胶

工艺：写真喷绘

12. 产品区域指示牌的设计

产品区域指示牌的设计效果如图4-76所示。

材料：喷绘或亚克力灯箱

色彩：标志标准色

● 图4-75

● 图4-76

13. 指示牌的设计

指示牌的设计效果如图4-77所示。

规格：按实际尺寸裁决

材料：背胶或相纸

工艺：写真喷绘

注：卖场商品种类繁多，每区域设计应按照该产品来订制，图片内容仅供参考。

● 图4-77

14. 促销的设计

促销的设计效果如图4-78所示。

规格：按实际尺寸调整

材料：背胶或相纸

工艺：写真喷绘

● 图4-78

15. 卖场挂旗的设计

卖场挂旗的设计效果如图4-79所示。

规格：按实际尺寸调整

材料：写真纸或铜版纸

工艺：写真喷绘或四色印刷

● 图4-79

16．停车场标牌的设计

停车场标牌的设计效果如图4-80所示。

规格：按实际尺寸调整

材料：防火板

工艺：雕刻或粘贴

● 图4-80

● 作品欣赏

1．安义古村VI设计（如图4-81所示）

● 图4-81

图4-81（续）

2. 时尚集中营VI设计（如图4-82所示）

● 图4-82

图4-82（续）

课后实训项目

为你的学校进行VI设计，具体要求如下：

规格：210mm×297 mm

设计要求：

（1）针对学校VI设计，突出示范性中等职业学校的特点。以学校的办学理念、办学历史为基础和核心，烘托出学校良好的社会形象，从而在社会上和学生、家长心中树立"培养人才"的良好品牌，为学校宣传和学校招生打下坚实基础。

（2）按照工作流程进行创作。

（3）后期需递交此次案例的全程创作文件（包括文字类作品说明及电子相册）。

卡通画设计

项目一　职业技术学校校标设计
项目二　双肩包系列
项目三　宣传海报设计
项目四　财富大卖场VI系统的设计
√ 项目五　卡通画设计
项目六　DM广告
项目七　包装设计
项目八　"健康与养生"书籍装帧设计
项目九　"南岸小筑"楼盘宣传系列广告策划及制作

项目五

卡通画设计

老师：赵本山、刘翔的形象大家都耳熟能详吧！
学生：当然。
老师：那么，如果你也是个名人，想一想怎样才能让自己的形象变得既形象又卡通呢？
学生：不知道。
老师：下面我们就来尝试一下，按照下面的工作流程制作一个漂亮的卡通画。

● 卡通画设计（相关知识）

学习卡通画技法，是一件既有趣又枯燥的事。每一个选择学习卡通画的人，几乎都怀着较为浓厚的卡通画情结，而且具有一定的绘画基础，所以对这些人来说，从事卡通画工作是有趣的。但你真的下定决心成为一名职业卡通画工作者时，你就会了解到每一部卡通作品的问世，既要具备聪明才智，还要付出强度很大的绘画劳动。

卡通画这种艺术创作与其他艺术创作相比，决定了卡通画艺术家不仅要具有非凡的想象力、灵动的幽默感，还应具备坚韧的毅力和良好的团队精神。向初学卡通画技法的人们介绍一下从业的要求，是希望大家能够不怕困难，坚持在卡通画专业的道路上走到底，那么，辉煌的成就一定会属于你们。

综观十几年来国内外卡通艺术事业的蓬勃发展，卡通艺术已不仅仅局限在影视、图书等方面，已经成为一种新兴的卡通产业，由它传递的理念、情感，由它衍生出的各种产品，越来越广泛地渗透到人们的日常生活中。特别是近两年来，国家对卡通艺术产业给予了大力的支持，为每一个热爱卡通艺术事业的人都提供了很好的发展机会。

设计任务描述

此项目以一张照片为素材，对其进行卡通画的设计。

任务一：卡通画的设计制作

STEP 01 打开需要处理的素材图片1，复制背景层，把原来的背景填充为白色，如图5-1和图5-2所示。

● 图5-1

● 图5-2

STEP 02 添加solid color（纯色调整图层），如图5-3和图5-4所示。

● 图5-3

● 图5-4

STEP 03 把填充色设置为白色，设置39%的不透明度，形成一层半透明描图纸的感觉，如图5-5和图5-6所示。

● 图5-5

● 图5-6

操作提示

当路径需要转换成选区时，我们可以直接用快捷键【Ctrl+Enter】。

STEP 04 新建一层路径层，用"钢笔"工具画出新的眉毛路径形状，效果如图5-7和图5-8所示。

● 图5-7

● 图5-8

STEP 05 到路径面板，单击填充路径的图标按钮，给路径填充上适当的颜色，效果如图5-9所示。

● 图5-9

STEP 06 用同样的办法，继续用"钢笔"工具勾勒出脸的轮廓。切换到笔刷工具，选择3 pixels的画笔头，效果如图5-10和图5-11所示。

STEP 07 到路径面板的三角菜单中选择描边路径，效果如图5-12所示。

STEP 08 在【描边路径】对话框中选择笔刷工具为当前描边工具，勾选【模拟压力】复选框，这样描边的路径线条会模拟压感笔的手绘线条而富有变化，如图5-13和图5-14所示。

● 图5-10

● 图5-11

● 图5-12

● 图5-13

● 图5-14

STEP 09 用多边形套索工具选出脸部包括肤色，填充适当的颜色，效果如图5-15所示。

STEP 10 用笔刷画出头发的结构，可以直接用笔画，效果如图5-16所示。

● 图5-15

● 图5-16

STEP 11 依次用笔刷画出眼、鼻、嘴的结构，可以直接用笔画，效果如图5-17～图5-20所示。

● 图5-17

● 图5-18

● 图5-19

● 图5-20

项目五　卡通画设计

STEP 12 再把画好的丝巾的图层显示出来，一个完成的卡通效果如图5-21所示。

图5-21

STEP 13 我们还要在路径调板中新创建路径，画好的手和手套的图层显示如图5-22所示。

STEP 14 再把画好的背心的图层显示出来，一个制作完美的卡通效果图就展现在大家面前，如图5-23所示。

图3-22　　　　　　　　　图5-23

卡通画欣赏

请欣赏如图5-24～图5-29所示的卡通画。

图5-24　　　　　　　　　图5-25

● 图5-26

● 图5-27

● 图5-28　　　　　　● 图5-29

● 课后实训项目

在"六一"儿童节即将来临之际，请为"联想"卡通有限公司新推出的"葫芦兄弟"的人物设计卡通人物肖像。

实训要求：

（1）写出设计方案；

（2）选题新颖，独具个性创意，符合少年儿童的认知规律。

（3）色彩、构图、线条美观生动，技术运用巧妙、简捷，文档压缩准确合理。

DM广告

美食宣传广告

儿童摄影DM折页广告

项目一　职业技术学校校标设计

项目二　双肩包系列

项目三　宣传海报设计

项目四　财富大卖场VI系统的设计

项目五　卡通画设计

✓ 项目六　DM广告

项目七　包装设计

项目八　"健康与养生"书籍装帧设计

项目九　"南岸小筑"楼盘宣传系列广告策划及制作

项目六

DM广告

老师： 同学们知道什么是DM广告吗？

学生： 不是很清楚。

老师： DM（Direct Mail）广告又称直接邮寄广告，街上由促销员或宣传者直接发到客户或行人手中的直投广告（宣传单等），都是属于DM广告。

学生： DM广告与其他广告形式有什么不同呢？

老师： DM广告是一种更灵活方便的广告媒体，其最大特点就是直接将广告宣传品传递到顾客手中，所以其广告效果也较其他形式的广告好。

● 创意与设计思想（相关知识）

1. DM广告概述

DM广告属于商业的手段，是一种灵活方便的广告媒体，经常出现在我们的现实生活中。推出一个新产品的时候必须要宣传一下新产品的性能、特点，所以最有效的方法之一就是用DM广告。在国外被广泛应用于商品销售、广告方案、选举活动、企业公关等多种领域。DM（Direct Mail）广告又称直接邮寄广告，因为其对象直接具体的特点还被称为收信者广告。在当今，街上由促销员或宣传者直接发到客户或行者手中的直投广告（宣传单等），也可划为此范畴。

DM有几个突出的特点：自主性、系统性、测试性、互动性和灵活性。DM广告的最大特点就是直接将广告宣传品传递到顾客手中，从而满足了市场细分的要求，且因为它是直接将广告投递到需要该广告信息的客户手中，所以广告效果也较其他类型的广告好。

2. DM广告设计计划

DM活动必须有一套完整的计划，设计时除掌握主题目标外，对预算的控制、DM制作方式的选定、诉求对象的取舍、时间的安排、名单的编制、地址的书写、邮递的程序，以至效用的评估，都在策划小组的精心策划之列、只有精心策划后再按步付诸实施，才能发挥出其最大的效用。

（1）设计目的

DM主要是配合其他广告活动来达成企业既定目标的协力效果。这种目标可能是为了进行市场调查，或为了促进销售，或为了公共关系的联系，或为了加强现有客户的联系。

（2）制作方式

DM内容自由，并无既定方式，可任由制作人员发挥创意，这也是DM的优点这一。DM的制作虽属创意的无穷发挥，但仍不可脱离目标，也要考虑预算经费而选择单发或连续系列。函件本身可选择以单张的目录、传单、明信片或画册方式制作。为使效用评估更明显可同时制作广告回函。

（3）推出时间

当诉求对象为某特殊阶层而广告预算有限，以及需配合较大的行销活动之时，都是使用DM的绝佳时机。

（4）发送对象

发送对象的选定，是DM活动成功与否的主要因素。因此在策划DM活动时，除力求函件内容的完美外，还要注意对象的选择。

（5）发送时间

不考虑时机、滥发DM，将分散DM的机能与效用，也浪费金钱。因此，应视所制作DM的性质配合发送：如节日性的问候，则DM要配合节日送达。DM活动是达成公司行销的一种方式，发送时机的选择可以协助行销的战略活动。

3. DM广告设计形式与内容

（1）推销性信函（Sales Letter）及附属品

美国广告界一致认为，推销性信函和明信片（Mailing Card）是最有推销力的广告之一。一般而论，这种极具推销力量的信函，包括加在信函上的附属品，大多会直接送达收信人。附属品这些小玩意的规格都很小，形式不拘。

（2）广告性质的明信片（Mailing Card）

在明信片上，既可刊载潜在顾客关心的问题，或印些促其订购的广告文，也可用做折扣券，从而大大提高销售效果。以明信片格式而言，在正面左边1/3处，可放广告文，此处非常醒目，因为该处系收信人最先看到的地方，如能在该处加上强烈诉求的话，则阅读背面的可能性很大。

（3）说明书或小叶书（Leaflet）

用一张小型纸张折叠后和信函一起放进信封，用做广告函件，是DM中极经济的一种形式。其中折叠式说明书比一般说明书规格大，纸质也厚，可折为两折，四折或多折。因为其规格大，所以能充分叙述所推销商品的内容。设计这种折叠式的说明书要注意：在布局上除了能令人耳目一新外，更要有易于阅读的方案和插图。

（4）型录（Catalog）

型录系商品的型号目录参考书，只寄送给明显的预期顾客。顾客们收到了这种型录，犹如亲身在商店或工厂参观商品一样。一般消费者都会充分利用这些翔实的免费商品信息，按图索骥找到自己想要的东西，一个电话过去即可搞定。

在产品的广告宣传计划中，DM的广告威力不容小觑，一点也不亚于传统广告媒体。完全融入普通消费者生活的DM，决定其在企业产品的广告宣传中所扮演的角色的重要性，为产品的销售立下汗马功劳。

设计与制作任务描述

任务一：美食宣传广告

美食宣传广告效果如图6-1所示。

图6-1

STEP 01 制作背景和栏目标题。按【Ctrl+N】组合键，新建一个页面，在属性栏中，设置纸张宽度和高度分别210mm、285mm，按【Enter】键，页面尺寸显示为设置的大小。

STEP 02 选择矩形工具，在页面中绘制一个矩形，在属性栏中对象大小选项中设置矩形的长和宽分别为24mm、25mm，设置好后，按【Enter】键，在CMYK调色板中的红色块上单击，填充矩形，去除矩形的轮廓线，效果如图6-2所示。

STEP 03 保持图形的选取状态，选择"排列-对齐"与"分布-对齐"和属性菜单命令，弹出【对齐与分布】对话框，在对话框中进行设置，如图6-3所示。

图6-2

图6-3

STEP 04 按【Ctrl+I】组合键，弹出【导入】对话框，选择素材1文件，单击【导入】按钮，在页面中单击导入的图片，拖曳图片到矩形上并调整大小，选择文本工具，输入文字"健康美食"按【Enter】键，取消选取状态。"健康美食"制作完成。效果如图6-4所示。

STEP 05 选择挑选工具，分别在属性栏中选择合适的字体并进行设置文字的大小。文字大小为字号80，字体为华文隶书，填充文字为黑色，效果如图6-5所示。

图6-4

图6-5

STEP 06 选择文本工具,选取文字"健康",如图6-6所示,在CMYK调色板中的绿色块上单击,填充文字,效果如图6-7所示,选取文字"美食",效果如图6-8所示,在CMYK调色板中的红色块上单击,填充文字,效果如图6-9所示。

● 图6-6　　　　　　● 图6-7

● 图6-8　　　　　　● 图6-9

STEP 07 导入图片。按【Ctrl+I】组合键,弹出【导入】对话框,选择素材2文件,单击【导入】按钮,在页面中单击导入的图片,拖曳图片到矩形上并调整大小,效果如图6-10所示。

STEP 08 选择交互式透明工具,将图片的左边缘设置成透明,效果如图6-11所示。

STEP 09 绘制装饰图形并添加标题文字。选择矩形工具,在页面上绘制一个矩形,在属性栏中对象大小选项中设置矩形的长和宽分别为96mm、103mm,设置好后,按【Enter】键确定,在属性栏中设置该矩形上下左右四个角的边角圆滑度的数值均为13,如图6-12所示,并在属性栏中的轮廓宽度框中设置数值为1.4,按【Enter】键确定,效果如图6-13所示。

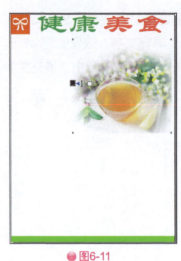

● 图6-10 ● 图6-11

● 图6-12

STEP 10 在CMYK调色板中的橘黄色色块上单击,填充图形,在黄色块上单击鼠标右键,填充圆角矩形的轮廓线,效果如图6-14所示。

● 图6-13 ● 图6-14

STEP 11 选择矩形工具,在圆角矩形上绘制一个矩形,在CMYK调色板中的绿色块上单击,填充图形,去除轮廓线,效果如图6-15所示,不取消当前矩形的选择状态,按【Shift】键选择橘黄色圆角矩形,单击属性栏中的相交工具,制作成如图6-16所示的效果。

STEP 12 在属性栏中的轮廓宽度框中设置数值为1.4,在黄色块上单击鼠标右键,填充矩形装饰条的轮廓线颜色,效果如图6-17所示。

STEP 13 分别选取并复制记事本文档中需要的标题文字"台湾著名小吃",将复制的文字分别粘贴到页面中,选择挑选工具,分别在属性栏中选择合适的字体并进行设置文字的大小，文字大小为字号24，字体为"方正舒体"，填充文字为"黑色"，如图6-17所示。

STEP 14 选取并复制记事本文档中的内容文字，选择文本工具，在页面中拖曳出一个文本框，按【Ctrl+V】组合键，将复制的文字粘贴到文本框中，按【Ctrl+A】组合键，全选文本框中的文字，在属性栏中的字体列表选项下拉列表中选择字体为华文楷体、字号大小设置为13，文字的效果如图6-18所示。

● 图6-15

● 图6-16

● 图6-17   ● 图6-18

STEP 15 选择矩形工具，在页面中绘制一个矩形，在属性栏中轮廓宽度框中设置数值为0.7，按【Enter】键，效果如图6-19所示。

STEP 16 在CMYK调色板的绿色块上单击，填充图形，在黄色块上单击鼠标右键，填充矩形轮廓线的颜色，效果如图6-20所示。

操作提示

如果想继续调整文字，可以按【Ctrl+A】组合键，弹出【格式化】对话框，单击"段落"选项卡，在间隔设置区的行选项中设置数值，单击【确定】按钮，调整文本框到适当的大小，按【Esc】键，取消选取状态。选择"查看"/"显示"/"文本框"命令，隐藏文本框。

●图6-19　　　　　　　　　●图6-20

STEP 17 选择圆形工具，按【Ctrl】键在页面上绘制一个圆形，如图6-21所示。

STEP 18 在CMYK调色板中的白色块上单击，填充圆形，效果如图6-22所示。在属性栏中的轮廓宽度框中设置数值为1.4，按【Enter】键，在黄色块上单击鼠标右键，填充圆形轮廓线的颜色，效果如图6-23所示。

●图6-21　　　　　　●图6-22　　　　　　●图6-23

STEP 19 选择圆形并按【Ctrl】键，将圆形水平向右移动，至合适位置后在不释放鼠标左键的情况下，单击鼠标右键，复制圆，效果如图6-24所示。

●图6-24

STEP 20 选择文本工具，输入"异地风味 身心享受 视觉盛宴"文字，效果如图6-25所示，选取标题文字"异地风味 身心享受 视觉盛宴"，效果如图6-26所示。

●图6-25　输入文字

●图6-26　选取文字

STEP 21 在属性栏中的字体列表选项下拉列表中选择字体为黑体，字体大小设置为26，填充文字为白色，效果如图6-27所示。

●图6-27　黑体文字效果

STEP 22 选择矩形工具，在页面上绘制一个矩形，在属性栏中的对象大小选项中设置矩形的宽度为96mm，高度度为103mm，设置好后，按【Enter】键，如图6-28所示。

STEP 23 在CMYK调色板中的黄色块上单击，填充矩形，在属性栏中的轮廓宽度框中设置数值为1.4，按【Enter】键，在橘黄色块上单击鼠标右键，填充圆形轮廓线的颜色，如图6-29所示。

●图6-28 绘制矩形　　　　●图6-29 填充●图形

STEP 24 选取并复制记事本文档中的内容文字，选择文本工具，在页面中拖曳出一个文本框，按【Ctrl+V】组合键，将复制的文字粘贴到文本框中，按【Ctrl+A】组合键，全选文本框中的文字，在属性栏中的字体列表选项下拉列表中选择字体为"华文楷体"、字号大小设置为15，按【Ctrl+I】组合键，弹出【导入】对话框，选择素材4文件，单击【导入】按钮，在页面中单击导入的图片，将其拖曳到页面上并调整大小，按【Enter】键确定，取消选取状态。

STEP 25 "健康美食单"制作完成，效果如图6-30所示。

●图6-30

任务二：儿童摄影DM折页广告

儿童摄影DM折页广告效果如图6-31所示。

● 图6-31

STEP 01 按住【Ctrl】键的同时，双击Photoshop的工作界面灰色底板处，新建一幅名为"儿童摄影DM折页广告"的CMYK模式图像，设置"宽度"和"高度"分别为30厘米和21厘米、分辨率为300像素/英寸，"背景内容"为"白色"，如图6-32所示。

● 图6-32

STEP 02 设置前景色的CMYK参数值为（83%、51%、100%、16%），按【Alt+Delete】组合键，在画布填充前景色。

STEP 03 选择圆角矩形工具，选项条中设置"路径"，在图像编辑窗口中绘制比绿色区域稍小一些的路径，然后在路径调板中选择"将路径作为选区载入"按钮。

STEP 04 选择渐变工具，设置线性渐变矩形条下方的三个色标，从左到右CMYK的参数值分别为（0、23%、92%、0%）；（0%、0%、0%、0%）和（0、23%、92%、0%），按【Shift】键从左至右在圆角矩形选区中填充橙→白→橙线性渐变，按【Ctrl+D】组合键取消选区后调整圆角矩形的大小及位置，效果如图6-33所示。

STEP 05 按【Ctrl+R】组合键打开标尺，拖出两根垂直参考线分别放置在10cm、20cm位置，这样用两根参考线将文件垂直三等分。

STEP 06 选择钢笔工具，绘制弧线型闭合路径。新建图层并将路径填充为黄色，移动路径后填充为白色，将这两个图层合并后，将多余部分删除，效果如图6-34所示。

● 图6-33

● 图6-34

STEP 07 将图像右上方的弧线型路径上方的橙色部分作为选区载入后将其删除，并对选区描边"宽度4像素，橙色"，效果如图6-35所示。

STEP 08 从素材中打开"红衣女孩"照片素材，将其移入到图像的左侧，调整图片大小和位置。选择魔棒工具，单击照片中白色区域，按下【Shift】键将人物周围的白色区域全部添加到选区中后，设置2像素羽化值，按【Delete】键将白色区域删除，在该图层添加图层蒙版，从下至上填充黑→白线性渐变，再设置图层样式为"外发光"，效果如图6-36所示。

● 图6-35

● 图6-36

STEP 09 从素材中打开"海边女孩"图片，自由变换将图片变小，选择椭圆选框工具在该图片上绘制椭圆选区后反选，按【Delete】键，设置图层"描边"样式，描边颜色CMYK参数值为（33%、0%、99%、0%），大小为"18像素"，同时对该图层设置"投影"、"外发光"等样式，效果如图6-37所示。

STEP 10 打开其他照片素材，用步骤8中的方法将各图片分别修整为圆形区域，调整位置及大小后的效果如图6-38所示。

● 图6-37

● 图6-38

项目六 DM广告

STEP 11 在"红衣女孩"图层单击鼠标右键,选择"拷贝图层样式"命令,如图6-39所示。

STEP 12 分别在其他照片所在图层上单击鼠标右键,选择"粘贴图层样式"命令,如图6-40所示,图像效果如图6-41所示。

> **操作提示**
>
> 读者可自行绘制"天下宝贝"店名标识。
>
> 方法提示:选择适当字体,如"方正新舒体简体",用"横排文字蒙版工具"输入文字后得到文字的选区,在路径面板下方选择"将选区转换为路径",然后用"直接选择工具"和"转换点工具"编辑调整路径即可。

● 图6-39

● 图6-40

STEP 13 打开"天下宝贝"店名标识素材,如图6-42所示。

● 图6-41

● 图6-42

STEP 14 将"天下宝贝"标识移入到图像中,并放置在右上角,设置图层样式为"投影"和"斜面和浮雕",并在图层调板上方设置该图层的填充为"0%",如图6-43和图6-44所示。

● 图6-43

● 图6-44

STEP 15 在图像右上方继续输入文字"儿童摄影广场",字体为"经典综艺体简",执行"图层"/"栅格化"/"文字"命令,然后用矩形选框工具将文字的上半部分选中后按【Ctrl+Shift+J】组合键,通过剪贴创建新图层,按【Ctrl】键并单击新图层,将新图层选区载入后填充"线性光谱渐变",效果如图6-45所示。

STEP 16 选择文字工具,输入其他文字,并对这些文字设置不同的效果,如图6-46所示。

● 图6-45

● 图6-46

STEP 17 将文件保存后,合并所有图层为图层1,然后新建图层2,从上至下填充黑白渐变。交换两图层位置后,用矩形选框工具沿参考线分别将图层按垂直分割的三部分选取后剪切并粘贴到新图层,按【Ctrl+H】组合键隐藏参考线。链接这三个图层,按【Ctrl+T】组合键自由变换将其稍变小,如图6-47所示。

STEP 18 取消链接,分别对三个图层按【Ctrl+Shift+"控边中点"】进行"平行变换",效果如图6-48所示。

● 图6-47

● 图6-48

STEP 19 激活三折页的中间页所在图层,并载入该图层的选区,单击图层调板下方的"添加调整图层",选择"亮度/对比度",如图6-49所示。

STEP 20 在弹出的【亮度/对比度】对话框中将"亮度值"降低到-60%左右,如图6-50所示,添加调整图层后图像更加增添了立体感,如图6-51所示。

● 图6-49

● 图6-50

STEP 21 分别将三折页的每个折页图层复制并进行平行变换,制作倒影效果,最终完成后的效果如图6-52所示。

● 图6-51

● 图6-52

相关设计欣赏

请欣赏相关设计，如图6-53～图6-55所示。

图6-53

图6-54

图6-55

课后实训项目

☆ 请设计一套新开发的小区楼盘ＤＭ宣传单

设计要求：

1. 版面布局合理，构思巧妙，创意独特。
2. 简单设计一则小区标志效果，在作品上要有所体现。
3. 房地产广告上必须有的文字信息内容可自拟。

☆ 设计一款四折页的长春ＤＭ宣传广告

设计要求：

1. 素材选取要体现长春特色。
2. 色彩运用合理，整体布局美观，有一定宣传价值。
3. 制作折页立体效果，添加投影。

备注

以上实训内容，分别要求用CorelDRAW和Photoshop软件各完成一项。

包装设计

手机包装盒设计

丽人包装设计

项目一　职业技术学校校标设计

项目二　双肩包系列

项目三　宣传海报设计

项目四　财富大卖场VI系统的设计

项目五　卡通画设计

项目六　DM广告

√ 项目七　包装设计

项目八　"健康与养生"书籍装帧设计

项目九　"南岸小筑"楼盘宣传系列广告策划及制作

项目七

包装设计

老师： 我们每天都在接触各种各样的商品，那你在选择商品时，是从哪里获得商品的相关信息的？

学生： 外包装上。

老师： 对，这就是包装设计作用的一方面，你还知道包装有什么作用吗？

学生： 包装还可以起到宣传商品，体现商品品质的作用。

老师： 同学说得很对，本项目我们就通过两个包装设计的制作，学习包装设计的方法。

● 海报设计（相关知识）

商品的包装反映了社会的发展水平，在市场经济越来越规范的今天，人们对产品包装的认识也越来越深刻，包装设计也走上了职业化的道路。

1. 包装设计简述

包装设计的历史溯源在人类发展的进程中有迹可寻。早在石器时代，人类就通过自然界的活动受到了启迪，学会使用植物的茎条捆扎物品、用兽皮裹体、用贝壳等物品盛装食物或饮用水。从某种意义上看，这一时期已经产生萌芽状态的包装。

我国劳动人民在长期的生产与生活中利用各种天然材料，例如草编成席子、鞋、动物皮毛制作各种包装制品，形式多样，这其中有许多独具特色的传统包装流传至今，如：葫芦装酒、荷叶包肉、竹制食品包装等等，都达到了与艺术性的高度统一。

现代包装发展至今也已有200年左右的历史，今日市场的特点是，企业与商家以消费者的需求和利益为中心，在推出商品时，厂家进行缜密的市场调研，了解市场变化及消费者的心理，满足不同的消费层次。

随着包装设计手段的不断更新，尤其是改革开放以来，我国包装行业得到了迅速发展。艺术和技术相互交叉形成一体，包装在保护商品的同时也以高度的艺术性吸引顾客，产生自我推销的作用。

2. 包装的概念

在过去，包装只是保护产品使其在运输和储藏的过程中免受损坏的一项措施而已，但是如今包装的概念已经发生了质的变化。人们对包装的理解也不再局限在保护产品的范畴。

所谓包装，从字面上可以理解为包裹、包扎、装饰、装潢之意；科学地讲，包装是指为了保护商品、美化商品、宣传商品、进一步提高商品的商业价值而对商品进行的一种技术和艺术处理。包装涵盖的内容十分广泛，包装设计包括材料、造型、印刷、视觉传达设计等诸多要素，因此，我们说包装设计是一个立体的多元化的艺术处理过程。

3. 包装的作用

包装的作用是指包装对商品所起的功能和效应。对商品而言，包装是商品的附带品，甚至可以说是商品的一部分。它的主要作用表现在以下几个方面。

（1）保护作用。包装最基本的功能是保护商品，这也是人类最初对商品进行包装的原始初衷。随着社会的进步，人们才逐渐开始关注它的美化作用。商品从生产到销售，中间都要经过存储、运输等诸多环节，在此过程中包装可以对商品起到防潮、防挥发、防震、防污染等保护作用。

（2）容纳作用。如果没有包装，液体商品、气态商品、粉状商品就很难进行运输、储存，销售起来也很不方便。因此，人们就使用不同材料（如金属、玻璃等）容器作为商品的包装，将不易携带的物品进行封装，以方便运输、储存和销售，所以说包装具有容纳作用。

（3）促销作用。俗话说"货卖一张皮"，这一针见血地说明了商品包装的重要性。特别是在当今激烈的市场竞争中，同样的商品，包装是否精美与得当，将直接影响到产品在市场竞争中的成败。优秀的包装可以美化商品，提升商品档次，促进消费者的购买欲望。

（4）传达作用。包装也可以作为一种传达商品相关信息的媒介，向消费者传达商品的有关性能、成分、品牌等广告信息。

4. 包装的分类

（1）按形态分类：逐个包装、内部包装、外部包装；

（2）按材料分类：纸包装、木包装、金属包装、塑料包装、玻璃包装、其他材料包装；

（3）按用途分类：商业包装、工业包装；

（4）按材料质地分类：软包装、硬包装。

设计与制作任务描述

任务一：手机包装盒设计

手机包装盒设计效果图如图7-1所示。

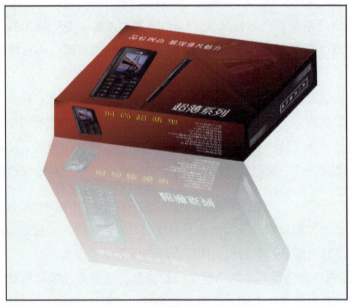

● 图7-1

STEP 01 制作包装盒正面。按【Ctrl+N】组合键新建文件，命名为"手机广告"，宽度和高度为21*29cm，分辨率为300dpi，颜色模式为RGB模式，背景为白色。如图7-2所示。

STEP 02 新建一个图层，命名为"图层1"，如图7-3所示。

STEP 03 按【M】键选择"矩形选框工具"，绘制一个矩形，如图7-4所示。

● 图7-2

● 图7-3

● 图7-4

STEP 04 选择"渐变工具"，打开【渐变编辑器】，设置颜色，具体参数的设置如图7-5和图7-6所示。

● 图7-5

● 图7-6

STEP 05 选择"线性渐变",从左上角斜向拉至右下角,效果如图7-7和图7-8所示。

STEP 06 在素材文件夹中打开"手机"素材,并将白色部分选中,再加以反选,将手机素材移至"手机广告"画布当中,效果如图7-9～图7-11所示。

● 图7-7

● 图7-8

● 图7-9

● 图7-10

项目七　包装设计　107

● 图7-11

STEP 07 将图层2—手机自由变换放大，如图7-12所示，并且按水平方向翻转，如图7-13所示。

● 图7-12

● 图7-13

STEP 08 将素材文件夹中"01"文件打开，并移动到当前"手机广告"文件中，如图7-14和图7-15所示。

● 图7-14

● 图7-15

STEP 09 将图片缩小至手机屏幕大小，并按住【Ctrl】键，自由变换，移至手机屏幕合适大小，效果如图7-16和图7-17所示。

STEP 10 选中图层2和图层3，并将图层2和图层3合并，复制得到图层3副本，如图7-18和图7-19所示。

● 图7-16

● 图7-17

● 图7-18

STEP 11 选中图层3副本，按【Ctrl】键，移动中间的控点，将其垂直翻转，并降低不透明度，制作反射倒影，如图7-20和图7-21所示，调整完成后的效果如图7-22所示。

● 图7-19

● 图7-20

STEP 12 按【Ctrl】键，选中图层1，将其转化成选区，再执行【选择】/【反向】命令进行反选，如图7-23所示；再选中图层3副本，按【Delete】键，将多余的部分删掉，如图7-24所示。

● 图7-21

● 图7-22

项目七　包装设计

● 图7-23　　　　　　　　　　● 图7-24

STEP 13 再次将图层3进行复制，得到图层3副本2，并将其放大，斜放至图层1的右上角位置，降低透明度为15%，作为衬托的背景，如图7-25和图7-26所示。

● 图7-25　　　　　　　　　　● 图7-26

STEP 14 按【T】键切换到文字工具，输入文字"超薄系列"，放至右下角，颜色为白色，具体参数的设置如图7-27和图7-28所示。

● 图7-27　　　　　　　　　　● 图7-28

STEP 15 再次选择文字工具，在图层1的左上角输入文字"品味时尚，展现非凡魅力"等广告词，如图7-29所示，字符调板的设置如图7-30所示。

● 图7-29　　　　　　　　　　　　● 图7-30

STEP 16 手机盒的正面效果如图7-31所示。

● 图7-31

STEP 17 制作包装盒侧面图。新建一个图层，命名为"图层1"，选择矩形选区工具，在画布中绘制一个矩形选区，如图7-32所示。

● 图7-32

项目七　包装设计

STEP 18 选择渐变工具，打开渐变编辑器，设置颜色，如图7-33所示。

图7-33

STEP 19 选择"线性渐变"，斜向拉至从图层1的左上角至右下角，如图7-34和图7-35所示。

图7-34　　　　　　　　　　　　　　图7-35

STEP 20 打开素材文件夹中的"手机"素材，只选取手机正面图片，移至当前"手机广告"文件中，如图7-36和图7-37所示。

图7-36　　　　　　　　　　　　　　图7-37

STEP 21 将图层2自由变换，并水平翻转，如图7-38和图7-39所示。

STEP 22 打开手机"正面图"源文件，将其中图层3（手机及手机屏幕图片）移入到"手机侧面图"文件中，生成图层4。将图层4进行复制，得到图层4副本，将其垂直翻转，移至下方，将其不透明度降低为15%，制作手机倒影效果，如图7-40所示。

● 图7-38

● 图7-39

图7-40

STEP 23 单击文字工具，输入文字"时尚超薄型"，颜色为黄色，并且添加图层样式，具体参数的设置如图7-41～图7-44所示。

● 图7-41

● 图7-42　　　　　　　　　　● 图7-43

● 图7-44

STEP 24 单击文字工具，打开素材文字文件，复制并粘贴文字，颜色为白色，具体参数的设置如图7-45和图7-46所示。

● 图7-45

● 图7-46

STEP 25 侧面图完成后的效果如图7-47所示。

● 图7-47

STEP 26 制作手机包装盒背面。新建一个图层，选择矩形选区工具，在画布中绘制一个矩形，如图7-48和图7-49所示，并填充黑色。

● 图7-48

● 图7-49

STEP 27 在工具栏中选择圆角矩形工具,设置半径为100点,新建一个图层2,绘制一个圆角矩形,如图7-50和图7-51所示。

● 图7-50

● 图7-51

STEP 28 按【Ctrl+Enter】组合键将路径转换成选区,然后将刚刚绘制的圆角矩形填充前景色——白色,并降低不透明度至15%,如图7-52所示。

● 图7-52

STEP 29 打开素材文件夹内的02素材,将其"图层1"移到当前"手机广告"文件中,并放置在合适位置,如图7-53和图7-54所示。

● 图7-53

● 图7-54

STEP 30 打开素材文件夹内的03素材,将其"图层1"移到当前"手机广告"文件中,并放置在合适位置,如图7-55和图7-56所示。

STEP 31 手机包装盒背面图完成后的效果如图7-57所示。

STEP 32 制作立体手机包装盒。新建一个画布:命名为"包装盒",宽度和高度设置为21cm×29cm,分辨率为300dpi,RGB模式,背景色为白色,如图7-58所示。

● 图7-55

● 图7-56

项目七 包装设计

● 图7-57　　　　　　　　● 图7-58

STEP 33 将前景色设为淡绿色，将图层面板中的背景层填充前景色，具体参数的设置如图7-59和图7-60所示。

STEP 34 将"手机包装盒侧面"文件合并图层，移至当前文件"包装盒"中，并按【Ctrl】键，进行自由变换，如图7-61所示。

● 图7-59　　　　　　● 图7-60　　　　　　● 图7-61

STEP 35 将"手机包装盒背面"文件合并图层，移至当前文件"包装盒"中，并按【Ctrl】键，进行自由变换，如图7-62和图7-63所示。

● 图7-62　　　　　　● 图7-63

STEP 36 将"手机包装盒正面"文件合并图层，移至当前文件"包装盒"中，并按【Ctrl】键，进行自由变换，如图7-64和图7-65所示。

● 图7-64

● 图7-65

STEP 37 手机盒完成后的效果如图7-66所示。

● 图7-66

STEP 38 将图层1、图层2、图层3合并，得到一个新的"图层1"，如图7-67和图7-68所示。

● 图7-67

● 图7-68

STEP 39 复制新的"图层1"，得到图层1副本，将其垂直翻转，并放置在图层1的下面，制作倒影效果，如图7-69和图7-70所示。

● 图7-69

● 图7-70

STEP 40 为"图层1副本"添加蒙版效果,并在渐变编辑器中选择黑白渐变,在项目栏中选择"线性渐变",从上至下渐变,并将"图层1副本"降低透明度为20%,如图7-71~图7-73所示。

● 图7-72

● 图7-73

STEP 41 手机包装盒总体效果如图7-1所示。

任务二:化妆品包装盒设计

"丽人"化妆品外包装设计效果图如图7-74所示。

● 图7-74

STEP 01 标志制作。按【Ctrl+N】组合新建文件，具体参数的设置如图7-75所示。

STEP 02 按【M】键切换到选框工具，选择椭圆选框工具，绘制椭圆选区后填充为黑色，如图7-76所示。

● 图7-75

● 图7-76

STEP 03 将选区稍向左下方移动后，执行【选择】/【变换选区】命令，将选区稍变小，如图7-77所示，然后按【Delete】键将选区中的部分删除，效果如图7-78所示。

● 图7-77

● 图7-78

STEP 04 按【Ctrl+Shift+N】组合键新建图层，选择钢笔工具，绘制类似"L"型的开放路径并调整为如图7-79所示形状。

STEP 05 设置适当大小的尖角圆形画笔刷形，在路径面板中单击描边路径，如图7-80所示，描边后的效果如图7-81所示。

● 图7-79

● 图7-80

STEP 06 单击路径调板下方空白处隐藏路径后,利用选区工具对描边效果进行修剪删除,如图7-82和图7-83所示,调整后的效果如图7-84所示。

● 图7-81　　　　　　　　　　　　　● 图7-82

● 图7-83　　　　　　　　　　　　　● 图7-84

STEP 07 按【Ctrl+Shift+N】组合键新建图层,按【P】键切换到钢笔工具,绘制如图7-85所示树叶状路径,选择路径选择工具,将其选中后复制、粘贴、水平翻转,调整后的效果如图7-86所示。

● 图7-85　　　　　　　　　　　　　● 图7-86

STEP 08 在路径面板选择"将路径转换为选区"后,对该选区填充绿色,如图7-87所示。

STEP 09 调整各图层位置，图形效果如图7-88所示，类似"R"型，下半部为"L"型，两片绿色的嫩叶更加增添了图形的活力。

● 图7-87

● 图7-88

STEP 10 保存文件，并可根据需要调整图层中各部分的色彩，如图7-89和图7-90所示。

● 图7-89

● 图7-90

STEP 11 制作"乳液瓶"，效果如图7-91所示。

● 图7-91

STEP 12 按【Ctrl+N】组合键新建文件，填充渐变色背景，如图7-92所示，从上至下RGB参数值分别为（100、190、160）；（45、80、70）；（75、150、130）。

STEP 13 按【M】键切换到选框工具，选择矩形选框工具，在适当位置绘制瓶体的矩形选区，如图7-93所示。

图7-92　　　　　　　图7-93

STEP 14 在渐变编辑器中，具体的参数设置如图7-94所示，色块RGB参数值从左至右分别为（210、210、210）；（255、255、255）；（255、255、255）；（190、190、190）；（233、233、233）等，按【Shift】键，对选区水平填充渐变色，效果如图7-95所示。

图7-94　　　　　　　图7-95

STEP 15 新建图层，使用同样方法绘制矩形选区（与瓶体宽度一致），在渐变编辑器设置渐变色如图7-96所示，色标RGB参数值从左至右分别为A（180、170、160）；B（190、180、170）；C（150、140、140）；D（217、213、213）；E（102、96、92）；F（87、81、80）；G（228、214、214）；H（255、250、251）；I（160、149、148）；J（255、251、255）；K（199、184、185），然后按【Shift】键对瓶盖选区进行水平线性渐变填充，如图7-97所示。

图7-96　　　　　　　图7-97

STEP 16 选择椭圆选框工具，在瓶盖上方绘制椭圆选区，如图7-98所示，填充灰白灰渐变色，如图7-99所示。

STEP 17 在瓶盖上添加黑色线条装饰，填充渐变色，调整后的瓶盖效果如图7-100所示。

STEP 18 调整瓶盖与瓶体位置，并将瓶盖宽度稍稍变小一些，并与瓶体对齐，如图7-101所示。

● 图7-98

● 图7-99

● 图7-100

● 图7-101

STEP 19 打开标志图片，并将其移入文件中，放置于瓶体合适位置，并对该层作渐变调整光泽效果，如图7-102所示。

STEP 20 选择钢笔工具，在瓶体下方绘制开放路径，"弧线"效果如图7-103所示。

STEP 21 选择文字工具，在路径上单击后输入"丽人美白保湿乳"等文字，字体为"经典繁报体"，效果如图7-104所示，文字调板的设置如图7-105所示。

STEP 22 添加其他文字，并将瓶底作深色处理，如图7-106所示。

● 图7-102

● 图7-103

● 图7-104

项目七 包装设计 123

● 图7-105　　　　　　　● 图7-106

STEP 23 制作瓶体的倒影效果，如图7-107所示，并添加其他装饰效果，如图7-108所示。

● 图7-107　添加投影的乳液瓶效果　　● 图7-108　添加其他装饰效果

STEP 24 制作化妆品包装盒，包装盒展开图如图7-109所示。

● 图7-109　包装盒展开图效果

STEP 25 执行【文件】/【新建】命令，在弹出的【新建】对话框中设置各项参数，如图7-110所示。

STEP 26 分别将前景色和背景色的RGB的参数值设置为（97、188、157）；（50、96、80），选择线性渐变由上至下填充，如图7-111所示。

STEP 27 按键盘上的【Ctrl+R】组合键打开标尺，在图像的上方和左侧会出现标尺栏，从标尺的左上角（水平标尺与垂直标尺交汇处）拖动鼠标在适当位置放开重新确定（0，0）坐标点，然后分别从水平标尺和垂直标尺拖出参考线，如图7-112所示。

● 图7-110

● 图7-111 填充渐变背景色

● 图7-112 确定参考线

STEP 28 新建图层命名为"立面"，运用工具箱中的矩形选框工具创建包装盒的四个立面（立面的宽与高的数值分别为5cm、12cm），将这四个立面填充为白色，效果如图7-113所示。

STEP 29 运用矩形选框工具绘制出盒的顶面和下面，填充白色，如图7-114所示。

● 图7-113

● 图7-114

STEP 30 新建图层命名为"折边"，运用矩形选框工具在新建图层中创建一个长方形，长方形的两边与参考线对齐，填充白色。然后按键盘中的【Ctrl+T】组合键，将光标置于变形调节框右上角上，按【Shift+Ctrl+Alt】组合键的同时，水平向左拖曳角点，长方形变换为等腰梯形，如图7-115所示，然后按回车键确定即可。

STEP 31 依据上述方法制作其他几处折边效果，如图7-116所示。

● 图7-115

● 图7-116

说明

因为盒的宽度是5cm，高度是12cm，所以确定的垂直参考线位置分别是0cm、5cm、10cm、15cm、20cm；水平参考线位置分别是0cm、5cm、17cm、22cm。

STEP 32 新建图层命名为"立面1折边"，运用矩形选框工具绘制长方形，填充白色，如图7-117所示。

● 图7-117

STEP 33 单击工具箱中的圆角矩形工具按钮，在属性栏中设置选项和参数，如图7-118所示。

STEP 34 在图像中绘制一个圆角矩形的闭合路径，位置如图7-119所示。

● 图7-118　　　　　● 图7-119

STEP 35 在路径调板中单击下面的"将路径转换为选区"按钮,路径作为选区载入。按键盘中的【Delete】键,删除选区中的像素。使用同样方法处理此长方形对边,效果如图7-120所示。

STEP 36 在图像中绘制一个圆角矩形的闭合路径,位置如图7-121所示。

● 图7-120　　　　　　　　● 图7-121

STEP 37 在路径调板下单击"将路径作为选区载入"按钮,然后对选区填充白色,效果如图7-122所示,这样一个折边就制作完成了。

STEP 38 在图层调板中复制"立面1折边"图层,分别调整其位置,如图7-123所示。

● 图7-122　　　　　　　　● 图7-123

STEP 39 运用工具箱中的文字工具,输入连续的减号,代表边缘的折线,文字颜色为浅灰色,字体和字号的设置根据图示比例自定义,这样包装的展开图更形象了,如图7-124所示。

STEP 40 新建图层命名为"灰色条纹"图层,选择矩形选框工具,沿参考线用矩形选框工具选取一个立面,然后执行【选择】/【修改】/【收缩】命令(约25像素)后填充灰色(R:180、G:180、B:180)。使用同样方法制作其他几个立面及上下盖面的灰色区域,如图7-125所示(可适当调整图层透明度)。

● 图7-124

● 图7-125

STEP 41 按【M】键切换到选框工具,选择"单列选框工具",按下键盘中的【Shift】键,沿水平标尺每隔2mm选取一列,选取效果如图7-126所示。

STEP 42 执行【图像】/【色阶】命令,打开【色阶】对话框,输入色阶中间值为1.5,如图7-127所示,然后单击【确定】按钮。

● 图7-126

说明

色阶对话框中,中间的色阶参数值默认值为1.00,当左移灰色色标滑块或输入大于1的参数值时,选区包含位置颜色将减淡;反之颜色将加深。

STEP 43 按向右光标移动键一次,将单列选区向右移动了一个单位值,然后执行【图像】/【色阶】命令,打开【色阶】对话框,输入色阶中间值为0.5,如图7-128所示,然后单击【确定】按钮。

● 图7-127

● 图7-128

平面广告设计与制作(第2版)

STEP 44 按【Ctrl+D】组合键取消选择区域，我们将发现在灰色图层中出现了凹凸条纹效果，如图7-129所示。

● 图7-129

STEP 45 新建图层，选择矩形选框工具，在四个立面的下半部绘制如图7-130所示的图形，填充为深灰色。

● 图7-130

STEP 46 激活"灰色条纹"图层，按【Ctrl】键的同时单击该图层调板，载入四个灰色立面的选区，按【Ctrl+Shift+I】组合键反向选区后，按【Delete】键删除多余部分，如图7-131所示。

STEP 47 打开"条形码"素材如图7-132所示，移入到文件中并调整其大小和位置。

● 图7-131

● 图7-132

STEP 48 输入相关文字，移入"丽人"标志图形，并调整大小、位置，将其复制粘贴到适当位置，如图7-133所示。

● 图7-133　包装盒展开图

STEP 49 通过调整变换，将包装盒的平面展开图制作成立体包装效果，如图7-134所示。（思考：参见效果图分析，如何制作立体包装盒倒影效果？）

● 图7-134 "丽人"化妆品外包装立体效果图

相关设计欣赏

请欣赏相关设计,如图7-135～图7-137所示。

● 图7-135 包装袋效果欣赏

项目七 包装设计

图7-136 包装盒效果欣赏

图7-137 包装效果欣赏

课后实训项目

☆ 请为包装盒设计立体图效果

设计要求：

在11.3.2中的包装盒展开图基础上，制作包装盒立体图效果，效果如图7-134所示。

☆ 设计一个鼠标包装盒

设计要求：

作品中应包含以下几个主要内容：设计产品标识（商标LOGO）；设计几个主要产品的效果图；

例如：你设计的是"科技"牌鼠标。

第一：制作"科技"牌鼠标的产品标识；

第二：制作几个典型产品的效果图及外包装。

☆ 设计一套药品包装

设计要求：

作品中应包含以下几个主要内容：设计产品标志（商标LOGO）；设计几个主要产品的效果图；

例如：你设计的是"爱婴"牌儿童感冒药品；

第一：制作"爱婴"牌的产品标识；

第二：制作几个典型产品的效果图及外包装。（比如：儿童感冒冲剂、儿童速效感冒胶囊、小儿消炎灵冲剂以及其他等等，设计时可自选一些儿童图片素材或自制一些卡通图片。）

备注

上述实训内容中的标志设计制作可用CorelDRAW软件完成，其他部分可在Photoshop软件中完成。

"健康与养生"书籍装帧设计

项目一　职业技术学校校标设计

项目二　双肩包系列

项目三　宣传海报设计

项目四　财富大卖场VI系统的设计

项目五　卡通画设计

项目六　DM广告

项目七　包装设计

✓ 项目八　"健康与养生"书籍装帧设计

项目九　"南岸小筑"楼盘宣传系列广告策划及制作

项目八

"健康与养生"书籍装帧设计

任务引入

老师：书，我们每个人都见过。
学生：当然。
老师：那么，不知道大家有没有注意观察，不同人群用的书是有所区别的。
学生：怎么个区别法？
老师：下面我们来学习图书装帧的设计方法。

任务实施

书籍装帧（相关知识）

书籍装帧设计是指书籍的整体设计。它包括的内容很多，其中封面、扉页和插图设计是其中的三大主体设计要素。

封面设计是书籍装帧设计艺术的门面，它是通过艺术形象设计的形式来反映书籍的内容。在当今琳琅满目的书海中，书籍的封面起了一个无声的推销员作用，它的好坏在一定程度上将会直接影响人们的购买欲。

图形、色彩和文字是封面设计的三要素。设计者就是根据书的不同性质、用途和读者对象，把这三者有机地结合起来，从而表现出书籍的丰富内涵，并以一种传递信息为目的和一种美感的形式呈现给读者。

当然有的封面设计则侧重于某一点。如以文字为主体的封面设计，此时，设计者就不能随意地丢一些字体堆砌于画面上，否则只仅仅按部就班地传达了信息，却不能给人一种艺术享受。且不说这是失败的设计，至少对读者是一种不负责任的行为。没有读者就没有书籍，因而设计者必须精心地考究一番才行。设计者在字体的形式、大小、疏密和编排设计等方面都比较讲究，在传播信息的同时给人一种韵律美的享受。另外封面标题字体的设计形式必须与内容以及读者对象相统一。成功的设计应具有感情，如政治性读物设计应该是严肃的；科技性读物设计应该是严谨的；少儿性读物设计应该是活泼的等。

好的封面设计应该在内容的安排上要做到繁而不乱，就是要有主有次，层次分明，简而不空，意味着简单的图形中要有内容，增加一些细节来丰富它。例如，在色彩上、印刷上、图形的有机装饰设计上多做些文章，使人看后有一种气氛、意境或者格调。

书籍不是一般商品，而是一种文化。因而在封面设计中，哪怕是一根线、一行字、一个抽象符号，一二块色彩，都要具有一定的设计思想。既要有内容，同时又要具有美感，达到雅俗共赏。

总之，一本好的书籍不仅要从形式上打动读者，同时还要"耐人寻味"，这就要求设计者具有良好的立意和构思，从而使书籍的装帧设计从形式到内容形成一个完美的艺术整体。

看到有不少朋友喜欢做书籍装帧的东西，就挑选了一些常识性的东西和大家分享。当然任何规范的东西都是死的，只有创意是常新的，所以了解学院派的规则不是想框住大家的思路，而是从了解的基础上去突破常规，更加踏实地走出自己的路来。

1. 书籍的定义

书籍是指在一定媒体上经雕刻、抄写或印刷或光映的图文著作物。

2. 书籍的构成

书籍包括封面、护封、腰封、护页、扉页、前勒口、后勒口。

当护封与封面合二为一，称简精装。有些书有环扉页（或环衬），环扉之后，有一个护页，护页有时候不印东西或只染一个底色，护页之后是扉页，有些书还有书函（或叫书套）。

3. 书籍设计的定义

书籍设计指开本、字体、版面、插图、封面、护封以及纸张、印刷、装订和材料事先的艺术设计。从原稿到成书的整体设计，也被称为装帧设计。

装帧的英文：Book Design或Book Binding Design。

实际上它是：视觉艺术（Communication Visual）、印刷艺术（Typography）、平面设计（Graphicdesign）、编辑设计（Editorialdesign）、工业设计（Industrydesign）、桌面排版（Desk Top Publishing）的综合艺术。

4. 书籍设计的任务

（1）形式与内容统一。

（2）考虑读者年龄、职业、文化程度。

（3）艺术＋技术。

5. 书籍设计的范围

（1）开本大小及形态的选择。

（2）外观、封面、护封、书脊、勒口、封套、腰封、顶头布、书签、书签布、书顶、书口的一系列设计。

（3）版式编排（包括：字体、字号、字间距、行距、分栏、标题、正文、注释、书眉和页码设计）。

（4）零页的设计（包括：扉页、环衬、版权页）。

（5）插图的绘制。

（6）印刷工艺的选择和应用。

（7）材料的选择和应用。

6. 书籍版式设计的基本常识

（1）版式设计的目的：方便读者，给读者美的享受。

（2）版式设计的定义：版面的编排设计。在一定的开本上，把书籍原稿的题材、结构、层次、插图等方面的元素进行排列组合，将理性思维个性化地表现出来。版式设计以个人风格和艺术特色的视觉传送方式，传递给读者，在传递信息的同时也产生感官上的美感。

（3）常用的一些版式规格：

① 诗集：通常用比较狭长的小开本。

② 理论书籍：大32开比较常用。

③ 儿童读物：接近方形的开本。

④ 小字典：42开以下的尺寸，106/173mm。

⑤ 科技技术书：需要较大、较宽的开本。

⑥ 画册：接近于正方形的比较多。

7. 书籍装帧和书籍生产评审标准

（1）装帧：设计方案是否符合出书意图。

（2）版面设计：

① 书籍的开本、版心和图片尺寸是否协调；设计风格是否贯穿全书始终，包括扉页和附录版面是否易读，是否和书籍内容相适应（具体到字号、行距、行长之间的关系，左右两边整齐或者只有左边整齐等）。

② 字体是否适应书籍的内容和风格。

③ 设计方案的执行情况如何（文字与图片的关系、注释和脚注等是否便于查找）。

④ 版面的字安排是否一目了然、适合并符合目的（文字是否醒目，不同字体的混合是否恰当，标题、页码、书眉等的安排）。

（3）美术设计：

① 护封设计和封面设计是否符合书籍的内容和要求，书脊上是否有文字。

② 护封设计和封面设计是否组合在整体方案之中（如文字、色彩）。

③ 封面选用的材料是否合理。

④ 封面设计是否适应书籍装订的工艺要求（如封面与书脊连接处，平装书的折痕和精装书的凹槽等）。

⑤ 图片（照片、插图、技术插图、装饰等）是否组合在基本方案之中，是否符合书籍的要求等。

⑥ 技术：版面是否均衡（字距有没有太宽或太窄）。

⑦ 版面：目录索引、表格和公式的版面质量是否与立体部分相称，字距是否与字的大小和字的风格相适应（在正文字体、标题字体和书名字体方面，标点符号和其他专门符号的字距是否合适）；字距是否均匀隔开；标题的断行是否符合文字的含义。字体的醒目是否与字体的风格相适应；词的转行是否明智，是否出现过多；只有左边整齐的版面，右边是否和谐。

⑧ 拼版：拼版是否连贯和前后一致；标题、章节、段、图片等的间隔是否统一；是否避免了标点在页面第一行第一个字位置的情况出现。

设计任务描述

图书作为知识与智慧的载体，其封面设计是图书不可或缺的一个要素，现在我们就来对封面进行美化，输入文字及图像进行书籍装帧设计。

任务一：封面展开图的设计

封面展开图效果如图8-1所示。

图8-1

STEP 01 新建文档,执行【文件】/【新建】命令(或按快捷键【Ctrl + N】),新建一个296mm×236mm大小,分辨率在100dpi,颜色模式为RGB的文档。在弹出的【新建】对话框中,设置各项参数,如图8-2所示,单击【确定】按钮新建文档。

图8-2

STEP 02 按【Ctrl+R】组合键显示出标尺。在工具箱中选择"移动工具"拖出辅助线,如图8-3和图8-4所示。

STEP 03 新建图层1,在图层1中使用"矩形选框"工具画出矩形,并填充红色(快捷键【Alt+Delete】),如图8-5和图8-6所示。

图8-3　　　　　　　　　　图8-4

图8-5　　　　　　　　　　图8-6

项目八　"健康与养生"书籍装帧设计

STEP 04 载入图层1的选区移至下方并新建图层2，填充绿色或按快捷键【Ctrl+Delete】，如图8-7所示。

● 图8-7

STEP 05 选择工具箱中的"横排文字"工具，设置前景色为白色，在相应的位置输入文字，如图8-8和图8-9所示。

STEP 06 切换到素材图片文件夹中，打开名为"蔬菜"的素材，单击工具箱中的移动工具，将素材文件拖曳到文档中，并缩放至合适大小，如图8-10和图8-11所示。

● 图8-8　　　　　● 图8-9

● 图8-10　　　　　● 图8-11

STEP 07 用上述方法在图层4、5、6层分别拖曳素材图片卷心菜1、蔬菜6、蔬菜2至图层中，如图8-12所示。

STEP 08 选择工具箱中的"横排文字"工具,在相应的位置输入"健康"、"与"、"养生"文字,并设置图层样式,如图8-13~图8-15所示。

图8-12　　　　　　　　　图8-13

图8-14

图8-15

STEP 09 选择工具箱中的"横排文字"工具,在图中输入"饮食与健康"、"教师健康饮食"、"饮食与食疗健康"、"趣谈养生",设置文字字体为方正姚体,调整文字大小,添加图层样式为外发光,如图8-16所示。

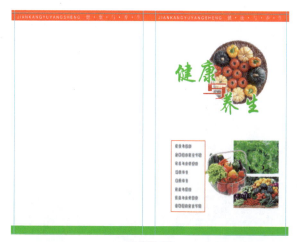

图8-16

项目八　"健康与养生"书籍装帧设计

STEP 10 新建图层7，使用"椭圆选框"工具，画一个正圆并填充红色（【Ctrl+Delete】填充背景色），红色的正圆要先载入选区后变换选区（【Ctrl+T】），按住【Shift】键向下移动到适当位置，按回车键结束变换，进行智能粘贴（【Shift+Ctrl】+【Alt+T】），向下粘贴并复制7次，如图8-17所示。

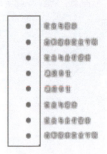

● 图8-17

STEP 11 选择工具箱中的"横排文字"工具，输入编著者名称，字体颜色设置为黑色，字体为宋体，如图8-18所示。

STEP 12 使用"横排文字"工具，在图像底部输入出版社的名称，文字颜色为黑色，添加图层样式为外发光，如图8-19所示。

● 图8-18

● 图8-19

STEP 13 选择工具箱中的"直排文字"工具，在书脊上输入书名，设置"字符"面板，如图8-20所示。

STEP 14 切换到素材图片文件夹中，打开名为"蔬菜3"、"水果"及"蔬菜1"的素材，单击工具箱中的移动工具，将素材文件拖曳到文档中，缩放至合适大小，并调整相应图层的位置，将图层12放置在图层2下方，整个图像效果如图8-21所示。

STEP 15 在工具箱中选中"横排文字"工具，在封底的左下方输入书籍的条形码和定价。选择工具箱中的"直线工具"，并单击工具栏中的"填充像素"按钮，在新建图层上绘制一横线，效果如图8-22所示。

● 图8-20

● 图8-21

● 图8-22

STEP 16 选择工具箱中的"直排文字"工具，设置前景色为绿色，背景色为红色，在如图8-23所示的位置输入文字。分别调整图层的不透明度为16%、25%、16%，将"与"字变形，如图8-24所示。使用 减淡工具，调整文字的深浅度。

● 图8-23

● 图8-24

STEP 17 最后使用"横排文字"工具，在封底的左上方输入本书的责任编辑和封面设计人员，效果如图8-25所示。

● 图8-25

STEP 18 用上面的素材又做了几个不同的样式，供大家欣赏，如图8-26所示。

● 图8-26

STEP 19 现在我们还要介绍另一种制作条形码的方法。新建大小为240×160像素的文件，设置前景色为黑色，背景色为白色，然后把背景填充为黑色。

STEP 20 执行【滤镜】/【素描】/【绘图笔】命令，参数设置：线条度为15，明/暗平衡为40，描边方向为垂直，效果如图8-27所示。

STEP 21 执行图像菜单中的"图像大小"命令，参数设置：图像的高度为1px，宽度不变，完成后放大效果如图8-28所示。

● 图8-27　　　　● 图8-28

STEP 22 由于图像存在灰度等级，使其只保留黑白二色。执行【亮度/对比度】调整命令，参数设置：对比度为+100，亮度为0，完成后放大效果如图8-29和图8-30所示。

● 图8-29　　　　● 图8-30

STEP 23 接下来将该图像定义为图案，再新建大小为240×160像素的文件，用定义图案进行填充，完成后的效果如图8-31所示。

STEP 24 可再做一些修饰，添加圆角矩形、数字和阴影效果等，这里我们不再介绍，条形码效果如图8-32所示。

图8-31

图8-32

任务二：立体效果设计

《健康与养生》书籍立体效果如图8-33所示。

图8-33

STEP 01 新建一个文件，文件名为"立体图书"，各项参数的设置如图8-34所示。

● 图8-34

STEP 02 选择【文件】→【置入】命令，选择图片文件夹下的木纹，单击【置入】按钮。按住【Shift+Alt】组合键从中心等比例放大，但两侧还少了些，我们就只按住【Alt】键，拖动左右两侧的方块就会水平方向撑满，如图8-35～图8-38所示。（大家要注意的是这里我们用的是置入文件命令，图片置入之后，会发现图层中有一个与其他图层不同的标记，鼠标左键双击这个标记就会打开原始的素材片。）

● 图8-35

● 图8-36

STEP 03 将图书的书脊侧面合并图层，移至当前文件"立体图书"中，并按【Ctrl+T】组合键，进行自由变换，如图8-39所示。

● 图8-37

● 图8-38

● 图8-39

STEP 04 将"图书的正面"合并图层，移至当前文件"立体图书"中，按【Ctrl+T】组合键，进行自由变换，如图8-40所示。（"图书的正面"图在没有进行自由变换的时候要先载入选区，同时新建一层，给选区描边，将右上方垂直的线的一部分减淡颜色，如图8-41所示。）

● 图8-40

项目八 "健康与养生"书籍装帧设计　147

● 图8-41

STEP 05 新建图层7，绘制一个矩形，填充浅灰色，并利用自由变换方式制作书籍的顶部，图层的位置关系如图8-42所示。

● 图8-42

STEP 06 按住【Ctrl】键将书籍的正面、侧面、顶部及边框线选取，并链接及合并链接的图层，以此类推，使用移动工具移动到适当的位置，调整图层的顺序，完成立体图书的制作，如图8-43所示。

STEP 07 欣赏图书摆放的不同样式，如图8-44～图8-47所示。

● 图8-43

● 图8-44

● 图8-45

● 图8-46

● 图8-47

▶▶▶ 项目八 "健康与养生"书籍装帧设计

任务三：光盘面效果的设计

制作《健康与养生》书籍VCD光盘盘面，如图8-48所示。

● 图8-48

STEP 01 按【Ctrl+N】组合键，新建一个页面，在属性栏【纸张宽度和高度】选项中分别设置宽度为12cm，高度为12cm，如图8-49所示，按【Enter】键，页面尺寸显示为设置的大小。

● 图8-49

STEP 02 选择椭圆工具，如图8-50所示按住【Ctrl】键，在页面绘制一个圆形，在属性栏中的【对象大小】选项中设置圆的直径是120mm，设置好后，按【Enter】键，圆形如图8-51所示。执行【排列】/【对齐和分布】/【对齐和属性】命令，弹出【对齐与分布】对话框，在对话框中进行参数设置。

STEP 03 按【Ctrl+N】组合键，弹出【卷心菜1】对话框，选择光盘中的"素材"/"卷心菜1"的文件，单击页面中的【导入图片】命令，拖曳图片到图形上并调整其大小，如图8-52和图8-53所示。

STEP 04 在图层居中的位置各拖出1条水平和1条垂直的参考线，如图8-54所示。

● 图8-50　　　　● 图8-51

● 图8-52

● 图8-53

STEP 05 使用"椭圆选框"工具，在十字交叉的位置拖出一个圆，鼠标不要松开按住【Alt＋Shift】组合键，这样就能保证此圆的圆心在十字交叉处并且这个圆是正圆，如图8-55所示。我们是想得到一个圆环的效果，那么要从中减去多余的部分，就需要先按【Alt】键然后拖动鼠标从十字交叉的位置画圆，松开【Alt】键再按下【Alt+Shift】组合键即可从原来的大圆中减去一部分，重新得到一个新的选区，如图8-56所示。

● 图8-54

● 图8-55　　　　● 图8-56

项目八　"健康与养生"书籍装帧设计

STEP 06 删除圆环的内容，如图5-57所示，然后再次删除中心小圆的内容，如图8-58所示。

● 图8-57　　　　　　　　　● 图8-58

STEP 07 把素材图片的不透明度改为55%，根据前一步的操作，制作出光盘外环与内环的效果及录入文字，如图8-59和图8-60所示。

● 图8-59　　　　　　　　　● 图8-60

STEP 08 使用文字工具，选择字体为华文行楷，输入"健康养生"，图层样式为"投影"与"外发光"，如图8-61所示。

STEP 09 输入"与"字将其变形，如图8-62所示。

● 图8-61　　　　　　　　　● 图8-62

STEP 10 导入素材文件"水果"将其放在合适的位置,如图8-63所示。

STEP 11 输入相关的文字及条码,光盘面的设计效果完成,如图8-64所示。

图8-63　　　　　　　　图8-64

STEP 12 欣赏不同的光盘面设计效果,如图8-65和图8-66所示。

图8-65

图8-66

▶▶▶ 项目八　"健康与养生"书籍装帧设计

任务四：光盘套（袋）设计

光盘套效果图如图8-67所示。

● 图8-67

STEP 01 按【Ctrl+N】组合键，新建文件，在属性栏【纸张宽度和高度】选项中分别设置宽度为14.5cm，高度为28cm，分辨率为100像素/英寸，如图8-68所示。

● 图8-68

STEP 02 使用移动工具,分别在1cm和13.5cm处拖出垂直参考线,在3cm和14.5cm处拖出水平参考线,如图8-69所示。

图8-69

STEP 03 在左上角十字交叉的位置,使用"矩形选框"工具拖出一个矩形并填充颜色,如图8-70和图8-71所示。

图8-70　　　　　　　　　　图8-71

STEP 04 将光盘的前后面填充颜色,如图8-72所示。

● 图8-72

STEP 05 将光盘套（袋）的封面与粘贴连接处，使用"矩形"工具画一矩形，在有选区的情况下，单击鼠标右键，在弹出的快捷菜单中选择【变换选区】/【透视变化】，调整好大小，填充白色即可（这里在填充白色的时候我们还可用另一个快捷方式填充，【Ctrl+Alt+Backspace】能填充白色，这个白色是默认的，在前/背景均不是白色的时候，也能填充上白色），其他两个对象也是相同的操作，并输入相应内容，如图8-73～图8-75所示。

● 图8-73　　　　　　● 图8-74　　　　　　● 图8-75

STEP 06 使用"文字"工具输入相应的文字，如图8-76所示。

STEP 07 将素材"水果1"的图片打开,选取白色,然后反选(【Ctrl+Shift+I】),使用移动工具将图片移到相应的位置上,如图8-77所示。

● 图8-76　　　　　● 图8-77

STEP 08 输入书名,按前面封皮的样式录入文字及图层样式,如图8-78所示。

STEP 09 将几个图层链接,并复制合并图层。选择编辑菜单中的自由变换命令,将中心点移至下方,单击鼠标右键,在打开的快捷菜单中选择【垂直翻转】,光盘套(袋)的效果图完成了,如图8-79所示。

● 图8-78　　　　　● 图8-79

相关设计欣赏

请欣赏相关设计，如图8-80～图8-82所示。

图8-80

图8-81

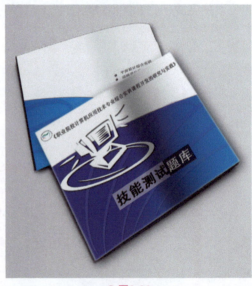

图8-82

课后实训项目

试着设计一本儿童卡通漫画类的图书封面。

尺寸：285mm×210mm（含出血）

设计要求：图书内容主要是卡通漫画，所以设计封面要以卡通漫画图片为主，文字的设计也要突出卡通漫画的特色，使用色彩也要迎合热爱卡通漫画的小读者们。

"南岸小筑"楼盘宣传系列广告策划及制作

项目一　职业技术学校校标设计

项目二　双肩包系列

项目三　宣传海报设计

项目四　财富大卖场VI系统的设计

项目五　卡通画设计

项目六　DM广告

项目七　包装设计

项目八　"健康与养生"书籍装帧设计

✓ 项目九　"南岸小筑"楼盘宣传系列广告策划及制作

项目九

"南岸小筑"楼盘宣传系列广告策划及制作

老师： 同学们，如果哪一天你突然有钱了，会想做点什么事呀？

学生： 买个漂亮舒适的房子，买辆向往已久的汽车，再投资一项喜欢的事业……

老师： 呵呵，想法还不少。我就猜到一定会有人提到买房子。那么假设现在你就有钱了，你打算买什么样的房子呢？

学生： 哦，太突然了！这还不好说，得到开发的地方亲自看看，找些地产广告认真比较一下，看哪个更符合自己的需要呗！

老师： 是呀，一提到房子，我们就会想到广告，无论大街小巷，电视报纸还是杂志，只要我们观察，到处都有关于地产的广告，而且我们会发现地产的广告设计质量都很高。那么怎样能设计制作出高质量的地产广告呢，下面我们就来一起学习有关楼盘宣传系列广告的设计流程和制作技巧吧！

🔴 地产广告策划分析

　　近年来我国房地产业的发展势头越来越迅猛，房地产行业已经成为市场最受人瞩目的行业之一，行业间的竞争也越发的激烈。为了能使自己的企业在市场内占有一席之地，并获取利润使企业有进一步的发展，开发商们纷纷开始意识到房地产营销策划的重要性，该行业广告投放量也成为商业广告翘首。楼盘广告的策划是整个营销策划中重要的一部分，准确的策略，优秀的创意，专业的设计，确实可以帮企业建立品牌和提升品牌价值。因此有经验的开发商们在此方面一般是比较肯于投资，这也给我们平面设计人员提供了一定的就业岗位。

一个新的楼盘的广告策划工作一般可以分为前、中、后三个时期，每一个过程与环节都很重要。一个楼盘想要搞得成功，必须具备全局性的营销战略与战术分析，进行所谓"整体营销"。系列广告的宣传是整体营销策划中不可忽视的一个部分。

一般广告公司接受地产广告业务的流程是：业务洽谈→市场调研→策划美工→签约→设计制作→制版→分头施工→登记验收→结算→后期维护等。这些流程中诸如业务洽谈、签约、结算等过程都会有专人去执行。我们单从设计师的角度来分析这个流程，基本可以把它分为这么几个环节：客户需求分析、前期准备、方案策划、设计阶段等。

1. 客户需求分析

这是最为重要的一步，双方都在选择，有的公司会为此专门派人来做这一步。专业和效率是第一步的关键词，而不是什么价格、关系等，没有专业，一切都是空谈。充分了解客户需求，客户要先在企业自身内部形成统一的意见，明确需要设计的项目、设计的要求和项目预算，指定项目的负责人，协调好相关的资料收集工作。

2. 前期准备

这一步最重要的是签合同。没有合同绝对不要开始设计，那样的设计是没有价值的，客户也不会把你放在眼里。如果这些已经完成了，那么作为设计师可以着手为设计做准备了，对企业背景、产品背景、目标市场环境、竞争企业和竞争产品进行初步分析，客户可以利用自身的行业优势，收集尽可能多的背景资料，以便于我们对设计项目进行系统的专业分析，如企业VI系统的基本元素（标志、专用字体、专用色系等）；文字资料（手写稿、打印稿或Word等电子文件）；图片资料（照片、反转片、印刷品、电子图片）等。

3. 方案策划

在策划之前，要向客户介绍此类项目的常见设计风格以供参考，广告公司可以向客户提供项目相关的实际案例以便于客户进行风格和形式的筛选。了解客户预算以便在设计时采用适当的印刷工艺和材质，预算的多少对设计方案最终是否能够顺利执行有很大的影响，好的方案如果没有预算的支持，只会浪费双方的时间和精力，所以应尽可能在项目开始前就确定好大致的预算。提出初步的设计解决方案在与客户充分的沟通后，根据掌握的资料，经过内部分析，向客户提出初步的解决方案，并取得客户的认可。

4. 设计阶段

策划方案一旦确定，执行是这一步的重点，所有的工作都必须为此事提前和优先进行，服务时间上要占得主动。在此阶段我们把设计任务分解，设计师依次来完成设计初稿，内部初审并进行修改，然后客户审稿、提出修改意见并书面签字。公司要召开内部会议对客户提出的修改意见进行分析，与客户沟通后形成最终修改方案。有时客户和设计师的想法会有分歧，这时双方需要进行良好的沟通，达成共识，形成最终的意见，然后定稿。

楼盘广告策划方案

我们以"南岸小筑"楼盘宣传系列地产广告的策划及制作为例，来解析一下地产广告的基本流程。

首先确定了这是一个住宅小区品牌策划，另外此楼盘标志、名称以及标准字体都没有，客户只提供了部分楼盘楼体外型图的设计图片，所以客户要求不但要完成系列宣传广告，而且包括楼盘名称及品牌打造均由广告公司出整体策划方案。

公司策划方案如下。

1. 我们需要什么样的主题形象

楼盘推广，应该有一个鲜明的主题形象，这样个性突出，容易引起市场的关注，促进销售的成功。吉林市房地产已经初露品质端倪，地产开发商各出奇招使得地产舞台异彩纷呈。"南岸小筑"怎样表现自己呢？卖楼，不仅卖给消费者一个居住空间，还应"附赠"一种新的生活方式，一种对美好生活全新的诠释。这是我们思考的着力点。

"都市呼唤自然"

都市生活从大自然进入林立的水泥森林之中。车水马龙穿梭在缺乏柔美的钢筋结构里，失去了绿色，失去了沟通。假若，有户人家透过半掩的玻璃窗，惬意地享受着户外的盎然绿意；假若，身在家中，可以感受到居城市中心享自然山水的惬意，轻松地沐浴着都市文明中积极的人文，是否是繁华城市中品质人居呢？

这样的时代，这样的都市，这样的人家，都将是"南岸小筑"给业主营造的天堂，把自然、人文融合在一起，精心缔造一处生态家园，是我们所要阐述的思想与理念。所以，我们选择"生态时代，品质尚居"作为项目推广的主题。以"首席生态型品质尚居"作为项目的总体定位。

2. 本案目标人群的定位

（1）都市白领一族。

文化：程度较高

年龄层次：26～40岁。

经济状况：中高收入阶层，有一定积蓄，具备本项目购买能力。

购房动机：一次置业或者追求品质生活的二次置业。

购买习惯：理性，有主见，追求品质生活。

分布区域：市直机关、事业单位的工作人员，老城中想改善住宅条件且有较强经济基础者（看中江南上水的居住及商业环境）。

分析以上人群特点，在广告策略上，强化主题形象，丰富文化内涵，针对诉求对象的细分，有的放矢地展开诉求。

（2）周边乡镇进城者。

文化程度：一般。

年龄层次：23～45岁。

经济状况：实力雄厚，购买力强。

购房动机：换房，告别过去生活方式；二次以上置业，有投资倾向；年轻一辈安家需要。

针对这一群体，突出现代社区的高尚性，是未来生活的方向，引起他们的向往，促成购买行为。

3．自我评价

自身优势：

（1）未来城市中心，极具升值潜力；

（2）毗邻松花江，坐拥千米水岸绿色生态规划区；

（3）交通便利，距传统商业中心仅1.5千米；

（4）周边近距离内就是一些市直企事业单位。

自身劣势：周边商业配套尚未同步跟进。

本着扬长避短的原则，在"生态"主题统筹之下，将优势宣传、张扬出来。靠广告的有效诉求，导示系统的有效吸引，促销活动的推动，吸引客户到项目现场。

4．广告策略

（1）广告主题：以"生态"为主题，突出自身个性，推广名定为"生态时代，品质尚居"。

（2）主广告语：开启生态居住时代，打造人文社区。

把生态主题突出张扬出来，喻示在生态时代里自然无处不在，给予人们的是全新的、自然的居住感受。

辅助广告语：新城市中心 新居住主义；山水收藏·家。

（3）广告主题的分部演绎：

① 把家安在江岸去……………………未来生态理念；

② 家门口的绿色………………………千米江岸的满目翠绿；

③ 景观与人文并举……………………上风，上水，尚居。

（4）广告表现：体现较高的文化品位、自然典雅的清新风格、鸟语花香的生态氛围。

（5）广告手段运用：采用全方位、整合式、分阶段出击的广告手段，将广告、促销、包装、媒介等一切传播活动形成一个有机整体，争取最佳的广告效果。

（6）广告阶段的划分：

① 引导期（内部认购阶段）。此一阶段主要做形象广告，突出主题形象，让市场感

受并接受"生态"居住的主题和追求品质生活的热情。

② 推广期（正式预售到封顶前）。这一阶段主要深化广告主题，突出江岸生活的悠然自在。

③ 强销期（封顶至入伙前）。此阶段以情感诉求为主，突出居家生活气氛，并视前一阶段广告效果作出相应调整。

④ 尾盘期（入伙后）。此阶段强调卖点诉求，结合价格策略，促进尾盘销售。

5．现场包装

现场包装，要极具个性化，只有个性鲜明，才能被广大受众记忆，进而接受。要突出个性，就要注意差异性包装与众多楼盘相区别。"个性化特色"和"差异性包装"是本项目现场包装的重要策略。

"南岸小筑"在深入分析和把握市场的基础上，确定了"生态时代，品质尚居"的主题。在现场包装的具体实施上，我们做如下考虑：

（1）售楼处。售楼处的外观强调视觉冲击，同时传递温馨轻松的气氛。室内的形象背景板、展板等主要体现生态居家感受，让客户感受到生活其间绿意环绕、惬意、舒适。

（2）户外广告。用色亮丽、鲜活，画面体现都市中的自然气氛，展示现代的"生态时代"。

（3）现场条幅。在建筑主体悬挂，整体风格与"生态"的主题相一致。

6．售楼资料规划

（1）售楼书。售楼书是售楼资料的重中之重，本项目共有住宅512套，按1∶10比例，规划为5000份。售楼书将把项目整体形象和各卖点荟萃其中。

售楼书文案如下。

文案1

蓝天碧水，南岸小筑

喜欢蓝天

正如喜欢每一个阳光灿烂的日子

亲近碧水

却是因为那份最柔最美的沉醉

南岸小筑

给你在风景里生活的岁月

文案2

阳光地带

蓝天下，阳光，游走在室内每一个角落

心，在每一片亮光里愈加开朗

鲜活，在明媚的空间里跳跃、歌唱

如此通透开扬的设计，留住阳光，吸纳清风，驱散阴霾

恰似穿越浮华，皈依安详

文案3

生活恍悟

当阳光掺入生活，成为调和惬意的角色

生活便回归享受

心，变得开阔起来，恍悟

在光影之中，是丝丝晴朗，如清风，恣意

在光影之外，是万般风情的窗台、窗纱，柔情、细腻

于是，琢磨生活的情调，不在身边时，却也不远

文案4

亲水静心

清清爽爽的低层水色人家

将生活，如水墨染点在宣纸般，倒映在水中

以最独特的姿态，俯瞰着楼下一江碧水

亲纳水，最柔美绵长的性情

心，归于最清澈的状态

享受，平和如田园般的生活韵律

文案5

从容岁月

从容不迫的日子

一切开始放缓节奏

在河堤上，缓步闲谈，嬉戏慢跑

将每一个春暖花开，秋色累累

揉进水波，任它静静地流淌

从此，眷恋这涓涓碧水闪烁着绿树楼影的波光

（2）宣传折页：规划为6000份（6个P，3折页），突出项目主题形象和主要卖点。

（3）DM宣传单张：规划20000份，作大量派发，扩大宣传影响面，浓缩售楼书精华于其中。

（4）户型插页：考虑按每种户型1:20的比例规划。

（5）付款方式、购楼须知：这是必不可少的资料，规划为8000份。

（6）手提袋：手提袋方便客户带走售楼资料，同时又是流动的宣传媒体，规划2500个。

（7）高立柱广告牌：在繁华路段，高立柱上投放大幅宣传广告，增加宣传效应。

7．媒体计划

（1）媒体分析。

（2）媒体选择。

① 选择原则。
- 目标原则：媒体选择保证与广告目标和广告策略相一致。
- 适应原则：媒体选择与客观环境相适应，适合目前所针对的广告市场。
- 优化原则：坚持从多数媒体的比较中产生媒体组合方案，坚持在单一媒体种类选择中进行优化组合。
- 同一原则：坚持媒体的选择必须有利于广告内容的表达。
- 效益原则：选择广告媒体时把广告效益放在首位。

② 项目分析。每个项目都有自己的特性，根据项目特性有针对性地确定媒体策略，选择组合媒体，以求制定出最适合本项目的方案，保证广告费用最合理的应用。文景苑项目与媒体策略有关的特性如下：

- 90亩的大型项目，拥有512套住宅，需要较大市场消化量。
- 以中等面积户型为主，衢州同类楼盘众多，竞争激烈，广告漫天飞舞。
- 目标客户分散，购买动机多样，易感媒体不一。

③ 确定媒体：
- 主力媒体的确定；
- 辅助媒体的确定。

（3）组合运用。

① 引导期；

② 开盘强销期；

③ 持续热销期；

④ 尾盘期。

📍设计任务描述

根据本楼盘的建筑结构多样性，包括别墅区和高层结构的较大户型以及小户型的特点，因此面向的受众是不同的，所以设计之初确定了两种风格的设计方案。

方案一： 面向城区内较有经济基础欲改善住房环境的都市人，以宣传楼盘得天独厚的地域特点、建筑风格为主。

方案二： 面向年青的白领一族，即将告别单身的时尚主义者。

以下对本项目中几个基本任务加以描述，分别涉及两种风格的一部分广告。

任务一:"南岸小筑"标识设计

标识效果如图9-1所示。

(1)标识中所用"南岸小筑"文字,系采用纸介质手写后,扫描或用数码相机拍摄采集到计算机中,再用Photoshop软件处理后获得,如图9-2所示。

(2)标识中图形部分是利用CorelDRAW软件绘制实现的。

(3)图形中色彩运用,要鲜明而不刺眼,要体现时尚韵味。

图9-1

图9-2

相关知识

在广告设计的过程中,素材的选取是很重要的。为了追求个性化的效果,有时为了突出图片、文字的与众不同,将手绘图、字扫描后使用(或用数码相机拍摄),是设计师们常用的方法。所以设计师必须熟练操作数码相机和扫描仪。

STEP 01 在CorelDRAW软件(或Illustrator软件中)中,新建文件。运用"钢笔"工具勾勒并调整贝塞尔曲线并填色,效果如图9-3所示。也可在PS软件中运用加深、减淡工具调整颜色,使色调柔和而不生硬,必要线条处可借助"钢笔"工具绘制调整。这个太阳下的舒适的躺椅是本标识的主体部分,为了减少在计算机上绘制时多次反复修改,一定要先有设计手稿,基本确定图形方

项目九 "南岸小筑"楼盘宣传系列广告策划及制作

案后再用软件描绘。这部分虽然是本项目的第一步，但是相对比较耗时，画得怎么样就看你的功夫了！

● 图9-3

STEP 02 图形主体部分的躺椅完成后，色调稍显暗淡，为突显时尚感和水岸风情，用"钢笔"工具勾勒一抹如水岸的路径，如图9-4所示。

● 图9-4

STEP 03 编辑线性渐变，渐变编辑器的设置如图9-5所示，将所绘制的路径在路径面板下方单击"将路径作为选区载入"按钮，转换为选区。将编辑的渐变在选区中从左至右进行填充，填充后的效果如图9-6所示。

● 图9-5　　　　　　● 图9-6

STEP 04 悠闲舒适的水岸边，原生态的自然景观，如图9-7所示，画上几只水鸟会更加突出这个蓝天碧水、江南岸边的居住环境，也会更加增添画面的活力，如图9-8所示。至此，象征楼盘人文环境的标识中的图形部分基本完成。

● 图9-7

● 图9-8

STEP 05 打开已扫入计算机的手写文字素材"南岸小筑",如图9-9所示。选择移动工具,将其拖到所编辑的文件中,调整大小、位置和色调后,如图9-10所示。这里值得强调的是,对于这样悠闲随意的画面而非棱角分明的标识效果,如果配以规则字体就会显得不够融合,所以用舒朗随意的手写体字,会使标识中主体图文更加和谐。

● 图9-09

● 图9-10

STEP 06 输入标识中其他辅助说明的文字,并调整位置,如图9-11和图9-12所示。此时,此楼盘的标志绘制完成,我们是不是能从标识中感受到了"南岸小筑"的地理、人文、自然环境氛围呢,如果是这样,那么第一步设计就成功了!

● 图9-11

● 图9-12

任务二：楼盘办公用品（部分）设计

当楼盘建设方案确定后，项目部投入建设之始便会用到许多办公用品，这也是一个宣传的切入点，我们以其中的信封、信纸、名片、纸杯等为例，简要描述一下设计过程。

色彩运用要柔和，避免大众的白色，显示出自己的特色来，且要与其他相关VI产品尽可能同色系，易于识别。

一般名片的设计只要求设计师进行图文效果设计即可，纸张的质量和颜色是印刷时可选择的。为了把本项目中这部分内容表现得更加真实，我们对纸张效果及色彩进行描述，有时候客户也要求某种展示效果，然后根据效果去选择纸张的色彩和材质进行印刷。

相关知识

名片的尺寸：一般我们生活中常用的横排的名片规格是：宽度为9cm，高度为5.5cm。不过目前尺寸不标准的个性化的名片也多有出现。另外还有折叠名片，其折叠部分尺寸不尽相同。

名片包含的必备信息：一张完整的名片必须包含的内容有姓名、职位、单位名称、联系方式、地址等。

STEP 01 名片纸张效果的制作。新建文件大小为A4，RGB模式（暂设为RGB模式是为了应用某些在CYMK模式下不能应用的滤镜），分辨率为300像素/英寸。设置前景色为R：235；B：223；C：205，然后按【Alt+Delete】组合键将所设置的颜色填充到画布中。

STEP 02 选择滤镜菜单中的"纹理"滤镜，打开【纹理化】对话框，设置"砂岩"或者"画布"效果，具体参数的设置如图9-13所示。

图9-13

STEP 03 再次选择滤镜菜单中的"像素化"滤镜,设置为"碎片"效果。此时画布中的效果会变得柔和了很多。然后执行图像菜单"模式"命令,将文件的颜色模式转换为"CMYK"模式,再进行适当的色彩调整。接下来我们就可利用"这张纸"来进行下面的设计了!

STEP 04 我们要制作的是地产公司业务咨询的名片,所以要将企业标识和文字完美结合,整体构图要整齐、稳重而大方,要突出显示标识和项目地址及联系电话等信息,所以在构图上与其他名片可略有不同。名片下方加了一个矩形褐色颜色条,在这里起到了平衡作用,使名片看起来更稳重,与字体的搭配也比较和谐。本项目中的横排名片设计效果如图9-14和图9-15所示。

● 图9-14

● 图9-15

STEP 05 信函纸笺设计时,可以适当加入图片,会更加美观。因为此类便笺纸的质量都会比较好一些,所以设计时要比普通信纸增加一些艺术效果,设计效果如图9-16和图9-17所示。

● 图9-16

● 图9-17

STEP 06 信笺和名片的组合效果如图9-18所示。

● 图9-18

STEP 07 信封设计效果如图9-19所示。在信封的设计中，邮政编码框的绘制要规范，位置大小要适当。可采用矩形路径描边后再复制粘贴的方法，也可以利用选区描边的方法制作，注意间距和大小，要在打开参考线的情况下操作才便于精确设置。而且信封的设计过程要先设计出刀版图，预留好出血值，信封折叠后粘贴的搭接尺寸要计算准确。此过程并不复杂，所以你可以参照效果图尝试一下。

● 图9-19

STEP 08 因为信函应用时不尽相同，如邮寄DM宣传单、给购房者装票据或者在节日时给业主发放贺卡，以及工作人员往来信函等，所以多设计一些样式和规格会更丰富些。其他效果的信封设计如图9-20和图9-21所示。

◉ 图9-20

◉ 图9-21

STEP 09 一般大的楼盘的VI系统也都会比较全面，本楼盘因为是刚开始建设阶段，所以还没有涉及更多内容。但一般情况下，楼盘在销售之后转交物业公司管理，所以很多VI系统还将在物业公司继续使用。比如可能涉及工作人员的工装效果如图9-22和图9-23所示。（此类VI应用系统，一般大同小异，绘制起来也很简单，可尝试着在不同的软件中完成。）

◉ 图9-22

◉ 图9-23

STEP 10 纸杯设计效果图如图9-24和图9-25所示。

● 图9-24

● 图9-25

纸杯是流行的一种饮水工具，是一次性用品，多用于会议、待客、聚会等场合。在地产的售楼处，它更是接待前来考查的投资者必不可少的用具。纸杯的包装图案是多样化的，既可以是休闲式图案，也可以是广告图案，地产用纸杯一般用楼盘标志和楼盘宣传广告图案作为装饰，在投资者休息时，也能发挥广告宣传的价值。

一般我们在VI的应用系统之一的纸杯上面作一些宣传企业的广告时，是可以找到相应的纸杯效果的素材的，那么只需设计表面的图文效果即可。除非杯型特殊，才需要自己绘制。

STEP 11 新建文件，大小为8cm×8cm、分辨率为300（像素/英寸）、背景为白色、名称为纸杯（立体）。

STEP 12 按住【Shift】键，从上至下填充黑→白的线性渐变于背景层中。

STEP 13 按【Ctrl+R】组合键打开标尺，从水平和垂直标尺分别托出所需参考线。

STEP 14 选择"矩形"工具，绘制矩形路径，然后调整为倒梯形效果，如图9-26所示。

STEP 15 选择"钢笔"工具组中的"变换转换点"工具，将路径的上边和下边分别调整为杯子的弧形，然后将路径变为选区，填充白色，效果如图9-27所示。

● 图9-26

● 图9-27

STEP 16 制作杯面的立体感。新建图层，绘制矩形选区，填充柱面渐变效果，如图9-28所示，然后按【Ctrl+T】组合键后，按【Ctrl+Shift+Alt】组合键，鼠标拖动下边角上的控点，进行透视变换，锥面立体效果如图9-29所示。

● 图9-28　　　　　　　　　● 图9-29

STEP 17 在杯口处绘制椭圆路径，将前景设为白色，如图9-30所示。在路径调板上选择描边路径，然后将该图层设置投影、内阴影等图层样式，效果如图9-31所示。

● 图9-30　　　　　　　　　● 图9-31

STEP 18 至此，整个杯子的立体效果绘制完成，如图9-32所示。打开装饰杯身的素材图片，如图9-33所示。（此类图片可借助Painter和CAD软件绘制而成）

● 图9-32　　　　　　　　　● 图9-33

STEP 19 打开素材图片和标识图片，进行调整合成后，移入到杯子文件中，利用杯面选区反选后将多余部分删除，调整图层位置，进行图层模式的混合操作，效果如图9-34所示。

◉ 图9-34

任务三:横幅型宣传广告

横幅型宣传广告都是筹划阶段初期工程还没有开始时使用的,使用位置一般是在工程筹划办公室外墙上,为了真正起到宣传作用,让行人都能看得清楚,所以广告的实际尺寸都比较大,我们实际制作时要根据广告位的大小来量身订做,如果尺寸比较大,那么分辨率可适当降低,或者采用72像素/英寸即可,因为这样的广告都是在一定距离之外来观看的,所以对效果影响不大。而在这样的广告中,有时要宣传真实的楼盘情况,所以图片不经图像处理也可以,楼盘地址和名称是广告中不可缺少的部分。

STEP 01 新建适当大小的文件,填充深蓝色渐变背景,这样可以更好地衬托出楼盘环境自然典雅的清新风格、鸟语花香的生态氛围。

STEP 02 导入由开发商提供的别墅区楼体效果图片,放置在文件中的适当位置,加上灰色边框。将图片与边框合并图层后设置投影效果。

STEP 03 打开"楼盘标识",使用移动工具托入所编辑文件中,调整其大小及位置,由于此广告版的背景颜色相对较深,所以保留楼盘标志的白色背景,将其突显出来。

STEP 04 输入适当广告词,效果如图9-35所示。

◉ 图9-35

STEP 05 其他横幅广告，效果如图9-36所示。

● 图9-36

任务四：形象墙广告

形象墙广告也分为Logo形象墙和广告形象墙。我们下面所制作的形象墙广告是指施工现场外围栏上的宣传广告，这也是一个楼盘宣传的重要领地。

1. "形象墙广告一"设计

本例中以醒目的红白为主色调，辅以建筑实景为创意构思。主画面上代表信息容量的光盘效果，寓意此楼盘的内涵建设，"开启生态居住时代，打造人文社区"为诉求点，引发消费者对美好生活的憧憬，使广告简单而个性，更具说服力，效果如图9-37所示。

● 图9-37

STEP 01 新建文件，大小根据实际需要设定尺寸，如宽度为200cm，高度为125cm，分辨率为72像素/英寸，CMYK模式，白色背景。托出参考线，将需要放置图片的位置先填充灰色以示区域，画布的上边、下边分别加上适当宽度的红色条，以增加其稳重感，效果如图9-38所示。

STEP 02 打开素材图片，用移动工具复制到编辑文件中，调整其位置及大小，将超过灰色区域部分删除，如图9-39所示。

项目九 "南岸小筑"楼盘宣传系列广告策划及制作

●图9-38

●图9-39

STEP 03 将两幅图片相接处用蒙版处理，使之融合。然后激活灰色区域所在图层，载入其选区后，填充红色，如图9-40所示。

STEP 04 选择"文字"工具，在文字工具属性栏中挑选字体，如图9-41所示，输入主体广告词"品质尚居"，调整字号大小。

●图9-40

●图9-41

STEP 05 激活所编辑的文字图层，将其栅格化后，利用矩形选框工具分别选择4个文字后，按【Ctrl+Shift+J】组合键将4个文字分开至4个图层中，调整其位置并旋转方向。接下来将4个文字中上下两个字"品"、"居"超过红色区域的部分分别剪下来放置到新的图层中，载入其选区，填充黑色，即实现了"反相"效果，如图9-42所示。

STEP 06 在英文输入法状态下，按【V】键切换到移动工具，拖动鼠标将移动工具分别放置在水平、垂直标尺上托出两根相交的参考线，确定一个中心交点，如图9-43所示，以上点为中心绘制一个光盘效果。

●图9-42

●图9-43

平面广告设计与制作（第2版）

STEP 07　切换到"椭圆选框"工具，按【Alt+Shift】组合键，以两参考线交点为中心向外绘制正圆，新建图层后填充灰兰色（C:59%；M:26%；Y:25%；K：12%），如图9-44所示。

STEP 08　在没有取消选区的情况下，新建图层，执行【描边】命令，具体参数的设置如图9-45所示，按【Ctrl+D】组合键取消选区，设置适当透明度。然后再激活灰色盘面图层，将该层不透明度降至30%。

● 图9-44

● 图9-45

STEP 09　重复上一步操作，再一次以此中心向外绘制一个正圆选区，与上一个填充的圆形成了同心圆效果，选区的大小比上一个圆略小一圈，如图9-46所示。

STEP 10　按【Ctrl+Shift+J】组合键，将上圆选区中包含的部分剪切下来自动生成新的图层，将其不透明度降低到10%，效果如图9-47所示。

● 图9-46

● 图9-47

STEP 11　打开另一幅要突出显示近景的图片，放置于光盘上方，调整其位置和大小，如图9-48所示。

STEP 12　在最初设定的图片区域的上下两条参考线间绘制矩形选区，反选后删掉此图片多余的部分，如图9-49所示。

STEP 13　再次绘制一个小的同心圆选区，分别在各个图片所在图层进行删除操作，然后对此选区进行描边，效果如图9-50所示。

STEP 14　打开标志图片，移入到编辑图像中，调整其大小并放置在左下方比较明显的空白处，输入咨询电话等相关信息，效果如图9-51所示。

● 图9-48

● 图9-49

● 图9-50

● 图9-51

STEP 15 在图像的右下方空白处输入主体广告词及广告方案4，调整各图层的色彩平衡效果，最终完成后的效果如图9-52所示。

● 图9-52

2. "形象墙广告二"设计

本例中以雅静的蓝色为基调，以一把展开的折扇透过无限风景为主画面进行创意构思，寓示园区内美景尽收之意。视觉效果好，尽显高贵大气的内在气质，效果如图9-53所示。

STEP 01 首先我们先来绘制这把折扇。在广告设计过程中，找不到合适的素材时，自己设计素材也是常有的事。在【新建】对话框中设置适当的参数，如图9-54所示，然后在工具箱面板的形状工具组中选择矩形工具，如图9-55所示。

● 图9-53

● 图9-54

● 图9-55

STEP 02 在画布上绘制一个窄且高的矩形，如图9-56所示，按【P】键切换到钢笔工具组，选择其中的转换点工具，通过调整四角控点，将这个矩形的上边和下边调为圆弧形，如图9-57所示。

● 图9-56

● 图9-57

▶▶▶ 项目九 "南岸小筑"楼盘宣传系列广告策划及制作

STEP 03 按【G】键切换到渐变工具，单击渐变编辑器，编辑"黑兰→兰→黑兰"的渐变效果，如图9-58所示。新建图层后，将上面编辑的矩形路径放在路径面板下方，选择"将路径作为选区载入"，按【Alt+Delete】组合键将编辑好的渐变效果以从左至右的线性渐变填充方式填充到选区中，取消选区后，将填充后的图形作透视变换，使之变为上宽下窄，形成一个扇骨，效果如图9-59所示。

● 图9-58

● 图9-59

STEP 04 载入该"扇骨"的选区后，依次按【Ctrl+C】（复制）、【Ctrl+V】（粘贴）、【Ctrl+T】（变形）组合键操作；然后将变换的中心点调整到下部2cm处，如图9-60所示。

● 图9-60

操作提示

在调整自由变换的中心点时，如果图的变换区域显示得相对较小，那么操作时很难控制鼠标选中中心点，这时可以按下【Alt】键的同时再选择中心点，我们会发现操作变得非常容易了。

STEP 05 接下来再到自由变换的属性栏中输入旋转角度"10°"，如图9-61所示，然后按回车键确定。至此一个扇骨复制成功。

● 图9-61

STEP 06 接着按【Ctrl+Alt+Shift+T】组合键，就可以实现智能复制了。按6次【T】键，复制6个扇骨，然后可以反方向再作一次智能复制或者将已复制的图层合并后，再复制镜像，便可以得到所需要的所有扇骨了，效果如图9-62所示。

STEP 07 在打开标尺的状态下，用移动工具拖出所需的三根参考线，如图9-63所示。

STEP 08 选择"钢笔"工具，在参考线两侧的扇骨相交点外绘制锚点，闭合路径后将路径调整为扇面形状，如图9-64所示。

操作提示

在Photoshop CS中，当执行【Ctrl+C】、【Ctrl+V】、【Ctrl+T】后，如果再次按下【Ctrl+Alt+Shift】并同时按【T】键将执行的是智能复制，也就是说重复执行【Ctrl+C】那一步操作以后的步骤。

如果载入原图层的选区后再执行智能复制操作，所有的粘贴效果将生成同一图层。

● 图9-62

● 图9-63

▶▶▶ 项目九 "南岸小筑"楼盘宣传系列广告策划及制作

STEP 09 设置前景色为灰色（C：37%；M：27%；Y：19%；K：4%），新建图层，在路径调板下方选择"填充路径"，将该闭合路径变为选区，填充如图9-65所示。

● 图9-64

● 图9-65

STEP 10 将扇面图层设置适当透明度，并载入扇面的选区，如图9-66所示。切换到扇骨图层，如图9-67所示。

STEP 11 按【Ctrl+Shift+J】组合键将扇面包含的扇骨部分剪切下来粘贴到新的图层中，设置图层不透明度为15%，如图9-68所示。

● 图9-66

● 图9-67

● 图9-68

STEP 12 新建图层，在各扇骨旋转相连的地方（装订处）绘制小椭圆选区，填充深蓝色，图层样式设置如图9-69所示，设置后的效果如图9-70所示。

● 图9-69

STEP 13 将扇骨中最右侧的一个扇骨移至扇面图层上方，效果如图9-71所示。

● 图9-70

● 图9-71

STEP 14 在路径面板中，激活扇面的路径。在钢笔工具组中选择"添加锚点工具"，如图9-72所示，在扇面路径上方对应扇骨的位置依次添加锚点，如图9-73所示。

● 图9-72

● 图9-73

▶▶▶ 项目九　"南岸小筑"楼盘宣传系列广告策划及制作

STEP 15 选择"转换点工具",将这些锚点同方向调整,调整后的效果如图9-74所示。

STEP 16 将编辑好的扇面路径,转换为选区,执行【编辑】/【描边】命令,具体参数的设置如图9-75所示。至此,我们要用的素材"折扇"效果已完成,如图9-76所示。

STEP 17 新建"形象墙广告二"文件,大小设置如图9-77所示。

● 图9-74

● 图9-75

● 图9-76

● 图9-77

STEP 18 将文件上下填充蓝色矩形条,将素材图片移入文件中,排列效果如图9-78所示。

STEP 19 将前面完成的"折扇"效果图(不要合并图层)移入到图像中,将图片显示位置的扇骨删除或隐藏起来使之不可见,如图9-79所示。

STEP 20 在广告画布右下方空白处,选择文字工具拖动文字定界框,在框内输入广告文案1,设置适当的字体和效果,如图9-80所示。

STEP 21 输入广告中其他必备的信息,主导广告词、标志图形、业务电话、项目地址、开发商信息等,完成后的效果如图9-81所示。

图9-78

图9-79

图9-80

● 图9-81

任务五：条幅路杆型广告

路杆型广告是一种较好的企业对外沟通的展示方式，同时也是较合适的形象载体，要求其画面醒目、文字精练，使人一目了然，能在瞬间抓住行人的视线。一般房地产的路杆广告，以醒目的色彩配以楼盘标志、让人记忆深刻的广告词和别致的图片效果，增加视觉冲击力，吸引行人的眼球，留住路人的脚步。在制作手法上，一般都比较简单。

STEP 01 新建文件后，绘制矩形选区，填充渐变得到一个路杆，复制变换成路杆的其他部分。

STEP 02 路杆两侧的条幅绘制，为了显得别致一些，一侧的条幅进行变形。

STEP 03 输入主导广告词，"景观与人文并举，上风、上水、尚居"。

STEP 04 挑选有代表性的素材图片，并进行裁切后放在位置上，效果如图9-82所示。其他吊旗广告效果如图9-83所示。

● 图9-82

图9-83

任务六：高立柱宣传广告

广告牌置于特设的支撑柱上，通常支撑柱一般只有一根。广告装置一般设立于交通主要干道，面向车流和人流。

主要特点：

（1）强大的视觉冲击力，极高的可见度；

（2）所触及的潜在消费者多；

（3）广告回报率高；

（4）对于树立品牌形象或新产品的上市宣传有惊人的传播效果。

基于以上特点，所以高立柱广告一般要求设计要独具匠心，确保宣传主体完美的公众形象。

操作步骤：由于此广告陈设位置的特点，所以广告中宣传的主要文字等一定要醒目，能让行人看得清楚。本例中主要知识点是，中间的部分是在Photoshop软件中绘制而成的，用高楼大厦的图片与南岸小筑的自在随心相对比，下面背景图片经图像处理得到（本例的操作重点），楼盘的标识也一定在广告中体现，效果如图9-84所示。投放到高立柱上的效果如图9-85所示。

项目九 "南岸小筑"楼盘宣传系列广告策划及制作

● 图9-84

● 图9-85

任务七：台历型宣传广告

  日历是生活和工作的必需品，最常见的日历形式是台历和挂历。现代生活中，台历应用得比较广泛一些，所以广告商当然不会错过借助台历作宣传的机会。

  最常见的台历有广告台历、个性化台历、知识性台历、便笺式台历等。

  一般地产类企业设计制作自己的广告台历，都是用来赠送客户的，在营销中起着一定的宣传推广作用。广告台历印刷精美，有较强的广告性、艺术性和收藏价值，还可以详附一些广告说明文字和广告语等，丰富广告内容，增加广告的影响力。

  在具体设计制作台历之前，需要了解客户的背景资料，进行设计前的一些调查，制定明确的设计思路和方向。

  如下列举的广告台历是地产开发商在楼盘推广发布上赠给客户的，以及在售楼处，销售人员用于赠送给前来了解并有意向选房的客户的。我们作的台历分两种，一种是重点推广和宣传高档别墅区的，另一种是面向年轻一族推广的精美高层小户型方案，下面以后一种为例进行介绍，效果如图9-86所示。

● 图9-86

说明：考虑到这次宣传面向的主体是年轻一族，所以首先是在Painter软件中借助数码板绘制几幅色调鲜明时尚的卡通广告，想必这是年轻人喜欢和欣赏的。我们将以此为素材来制作台历，当然制作台历的步骤就比较简单了。

STEP 01 启动Illustrator软件，在该软件中新建文件，具体参数的设置如图9-87所示。

STEP 02 按【Ctrl+S】组合键将此文件保存，执行【对象】/【裁剪区域】/【建立】菜单命令，建立文件裁切标记，如图9-88所示。

● 图9-87

相关知识

Painter是全世界最强大的彩绘与插画软件之一。这次设计师们利用Painter丰富的笔刷结合数码板的细腻压感手绘几幅美丽的写意风格的图画。这几幅插画色彩丰富并且活泼生动，表现了复杂花纹图案的技法。如果有软件基础和简单的美术功底，那么就可以尝试一下。

STEP 03 为了精确定位图片出血尺寸，按【Ctrl+R】组合键打开标尺，双击左上角水平标尺与垂直标尺交汇的零点控制角，恢复默认标尺零点。

STEP 04 选择矩形工具，绘制矩形，按【Shift+F8】组合键打开变换面板，用变换面板精确定位。上端路径图形左上角控制点的坐标为X=－3mm、Y=108mm，下端路径图形左下角控制点的坐标为X=－3mm、Y=－3mm，路径图形宽度设置为W=148mm，如图9-89所示。路径图形填充颜色为（C:73；M:67；Y:40；K:24），如图9-90所示。

▶▶▶ 项目九 "南岸小筑"楼盘宣传系列广告策划及制作

● 图9-88

● 图9-89

● 图9-90

STEP 05 执行【文件】/【置入】菜单命令，在弹出的【置入】对话框中选择已在Painter软件中绘制好的图片广告，然后单击【置入】按钮，等比例缩小图片，效果如图9-91所示。

● 图9-91

STEP 06 使用同样方法置入图片"南岸小筑"标识文字，排放在图像文件的左下角，在图层样式调板中，添加阴影效果，如图9-92所示。

图9-92

STEP 07 再次选择矩形工具，绘制两个长条矩形，分别填充黄色、蓝色，且在黄色条上输入文字"2008"，蓝色条上面输入文字"SUN、MON、TUE、WED、THU、FRI、SAT"等，再在右侧输入文字"1"，作为一月份的标志，设置适当字号及描边效果，如图9-93所示。

图9-93

STEP 08 开始制作日历。日历是由两个文字块上下错开，拼在一起的，如图9-94所示。

STEP 09 先来制作文本块1，输入文本块1的文字内容后，设置字体、字号和颜色。然后将文本光标置于文本块中，按【Ctrl+A】组合键全选文字，接下来执行【窗口】/【文字】/【制表符】菜单命令（或按【Ctrl+Shift+T】组合键），打开【制表符】对话框，单击"居中对齐"制表位标记并移动到合适位置（即0、8mm、16mm、24mm、32mm、40mm、48mm处），如图9-95所示。

图9-94

图9-95

STEP 10 制表位确定好后，将文字光标置于段落文本块中，每个日期间插入1个【Tab】键，文字便排列好了。

STEP 11 接下来制作文本块2，选取文本块1，进行复制，将数字删除，阳历改成阴历汉字，设置字体、字号和颜色。然后将文本块1和文本块2进行"左对齐"和"顶对齐"，将两个文本块错开排放在合适的位置上，将"周六、周日"对应的阳历和阴历日期的文字和数字变为红色，这样台历中的日历部分就制作好了，如图9-96所示。整体效果如图9-97所示。

● 图9-96   ● 图9-97

STEP 12 启动Photoshop CS软件，新建"台历型广告立体效果"的CMYK模式图像，设置"宽度"和"高度"分别为142mm和105mm，分辨率为300像素/英寸，白色背景。

STEP 13 通过绘制选区，填充颜色，然后进行变换，制作出立体台历的效果，如图9-98所示。注意立体效果和投影的表现。（制作时也可以直接引用图片进行变形及立体效果处理，这里是先作了立体效果后引用了图片。）

● 图9-98

STEP 14 打开前面编辑好的台历平面图效果，调整其位置后，就制作完成了，如图9-99所示。封面效果如图9-100所示。

图9-99

图9-100

任务八：手提袋型宣传广告

地产类手提袋的作用就是为了向有意向购买的客户赠送一些宣传资料，用纸袋承载，同时纸袋本身也是一个好的流动广告。

手提袋的制作方法比较简单，在这里就不再赘述了，给出两幅制作的效果图供参考，如图9-101和图9-102所示。

相关知识

手提袋一般是按照礼品的大小及客户的要求来定做的，没有明确的规格。纸质的手提袋的宽度应该是（长+宽）×2+糊边，高度应当是上折边+底边+高度，糊边宽度一般设为2cm，上折边为4cm，底边为6cm即可。

项目九 "南岸小筑"楼盘宣传系列广告策划及制作

● 图9-101

● 图9-102

任务九：DM宣传广告

1. DM宣传广告

本楼盘DM宣传广告如图9-103所示。

● 图9-103

2. 杂志报纸宣传广告

地产类杂志报纸广告一般都是系列的，以下我们列举的是三个宣传主题的系列。

系列一：是针对高层精美小户型作宣传的，主要是面向那些即将告别单身，盼望有家的年轻一族。其中前两幅的画面以淡雅的色彩，表达了他们温馨浪漫、惬意舒适的新生活；后两幅的画面烘托的是一种有家之后对曾经单身贵族的一种怀念，如图9-104～图9-107所示。（此例主图是在Painter软件中绘制的）

图9-104

图9-105

图9-106

项目九

图9-107

系列二：销售伊始，主要是宣传本楼盘的地理位置优势。叙述的是"南岸小筑"周边环境优越，距各种商业圈一步之遥，或者说它本身也是一个商业文化的中心，所以在版面构图上突出体现的是"中心"。如图9-108～图9-110所示。

图9-108

项目九 "南岸小筑"楼盘宣传系列广告策划及制作

图9-109

图9-110

项目九 "南岸小筑"楼盘宣传系列广告策划及制作

课后实训项目

请给新开发楼盘"邻河·丽景湾"进行广告策划。

写出策划方案并制作整套宣传作品。

将设计制作的所有作品在保留源文件的前提下,均生成图片格式,并制作成电子杂志以便于观赏。

反侵权盗版声明

　　电子工业出版社依法对本作品享有专有出版权。任何未经权利人书面许可，复制、销售或通过信息网络传播本作品的行为；歪曲、篡改、剽窃本作品的行为，均违反《中华人民共和国著作权法》，其行为人应承担相应的民事责任和行政责任，构成犯罪的，将被依法追究刑事责任。

　　为了维护市场秩序，保护权利人的合法权益，我社将依法查处和打击侵权盗版的单位和个人。欢迎社会各界人士积极举报侵权盗版行为，本社将奖励举报有功人员，并保证举报人的信息不被泄露。

举报电话：（010）88254396；（010）88258888
传　　真：（010）88254397
E-mail：　dbqq@phei.com.cn
通信地址：北京市万寿路173信箱
　　　　　电子工业出版社总编办公室
邮　　编：100036